计算机系列教材

唐四薪 编著

TCP/IP网络编程项目式教程

清华大学出版社
北京

内 容 简 介

本书按照问题驱动、由浅入深的理念，以项目实例的形式介绍基于 Visual C++ 的 TCP/IP WinSock 网络编程方法。全书共 13 章，主要内容包括网络编程的实现原理、控制台版本的 TCP 通信程序、Win32 API 版本的 TCP 通信程序、异步通信版本的 TCP 通信程序、UDP 通信程序、MFC 网络编程、使用 CSocket 类和 CAsyncSocket 类、TCP 文件传输程序、网络用户登录程序、TCP 一对多通信程序、使用 select 模型实现一对多通信、在线考试系统和网络嗅探软件等。

本书是微课版，提供了 20 个配套视频，在 Visual Studio 2010 环境中对书中的关键内容进行了演示和讲解，扫描书中相应位置的二维码即可观看。

本书适合作为高等院校各专业“网络编程”等相关课程的教材，也可作为网络编程培训教材，还可供网络编程开发人员参考使用。

图书在版编目（CIP）数据

TCP/IP 网络编程项目式教程/唐四薪编著. —北京：清华大学出版社，2019（2022.7 重印）
计算机系列教材
ISBN 978-7-302-53684-0

Ⅰ. ①T… Ⅱ. ①唐… Ⅲ. ①计算机网络－通信协议－教材 ②计算机网络－程序设计－教材 Ⅳ. ①TN915.04 ②TP393.09

中国版本图书馆 CIP 数据核字（2019）第 187544 号

责任编辑：张 民 战晓雷
封面设计：常雪影
责任校对：时翠兰
责任印制：宋 林

出版发行：清华大学出版社
网　　址：http://www.tup.com.cn，http://www.wqbook.com
地　　址：北京清华大学学研大厦 A 座　　**邮　　编**：100084
社 总 机：010-83470000　　**邮　　购**：010-62786544
投稿与读者服务：010-62776969，c-service@tup.tsinghua.edu.cn
质量反馈：010-62772015，zhiliang@tup.tsinghua.edu.cn
课件下载：http://www.tup.com.cn，010-83470236
印 装 者：北京鑫海金澳胶印有限公司
经　　销：全国新华书店
开　　本：185mm×260mm　　**印　　张**：13.25　　**字　　数**：305 千字
版　　次：2019 年 11 月第 1 版　　**印　　次**：2022 年 7 月第 3 次印刷
定　　价：39.00 元

产品编号：081991-01

前　言

TCP/IP 网络编程(俗称 Socket 编程)是针对 TCP/IP 协议簇(如 TCP、UDP)进行的网络编程。这是一种最传统的网络编程方式,许多在互联网早期诞生的网络软件(如 QQ、Foxmail 等)都是采用 TCP/IP 网络编程技术开发出来的。

相对于基于应用层协议(如 HTTP)的 Web 编程来说,TCP/IP 网络编程由于是基于更低层的协议进行的,必须编程实现创建套接字、监听、建立连接等前期步骤,才能进行网络通信,而 Web 编程却能依靠 HTTP 直接收发数据,因此,TCP/IP 网络编程的入门难度明显比 Web 编程要大得多。同时,TCP/IP 网络编程主要用于开发 C/S 结构或 P2P 结构的软件,这类软件需要开发 Windows 界面,还经常会涉及多线程编程以及线程之间参数的传递,因此,在 TCP/IP 网络程序中,通常网络通信代码、Windows 界面代码及多线程处理代码混杂在一起,这无疑也增加了 TCP/IP 网络编程的学习难度。

TCP/IP 网络编程相对于当今的 Web 编程来说虽然属于冷门,但其实际应用领域还是很广的,并且有些应用具有不可替代性(例如工业控制软件、物联网通信软件等)。随着物联网技术的普及,TCP/IP 网络编程必将再次变得重要起来。以慕课网(www.imooc.com)为例,关于 Socket 编程技术的相关课程多达 9 门,有的课程还指出:"掌握了 Socket 技术,就等于掌握了推送、IM、物联网等领域的命脉""学习本课程后,物联网相关通信工作不再是难题,且你有能力成为物联网协议的制定者"。这足以说明学习 TCP/IP 网络编程大有可为。

目前市场上有很多网络编程的教材,其读者对象主要是已经很好地掌握了 Visual C++/MFC 编程的学生。但实际情况是很多学生只有 C 语言和面向对象编程的基础知识,几乎还不具备任何 Windows 程序开发的知识和经验,编程能力不足。本书正是为了帮助这些学生快速掌握 TCP/IP 网络编程技术而编写的。本书在内容编排上注重以下几点。

(1) 分散难点,由浅入深,问题驱动。例如,在程序类型上,按照控制台程序→Windows API 程序→MFC 程序的顺序组织案例;在开发技术上,按照 TCP 一对一同步通信→TCP 异步通信→TCP 一对多通信→select 模型一对多通信→I/O 完成端口模型的顺序依次展开。这样,就将 TCP/IP 网络编程的难点——WinSock 的 5 种 I/O 模型分散到不同的章节实例中。

(2) 本书大部分案例程序是 Windows 界面程序,这样有利于提高学生的学习兴趣,并且能让学生掌握如何将控制台程序转换成 Windows 界面程序,这是很有实用价值的技能。

(3) 考虑到很多学生的 Visual C++ 编程基础不好,本书在介绍网络程序之前,先介绍一些预备程序。TCP/IP 网络编程的另一个难点是很多程序都不可避免地涉及多线程,本书将多线程编程也分散安排在几章的实例中讲解。

(4) 摒弃了用 WinSock 编程制作浏览器、FTP 客户端和电子邮件客户端等内容。因为这些软件已经有很多现成的，完全不需要用户自己开发，所以这些内容也没有实用价值，且不能让学生产生学习兴趣。本书另外安排了群聊软件、网络用户登录系统、在线考试系统等实用价值很大且有趣味性的案例。

目前 TCP/IP 网络编程的语言有 C++ 、Python、Java 等。Python、Java 等语言都对网络编程的核心 WinSock 函数进行了封装，而 C++ 可直接使用 WinSock 函数进行编程，这样更有利于学生理解 TCP/IP 网络编程的底层实现细节，是纯正的 TCP/IP 网络编程，学生学会使用 C++ 的 Win32 API 进行 TCP/IP 网络编程后，就很容易掌握 Linux、UNIX 等环境下的网络编程方法；同时，C++ 语言效率高，适合物联网、工控软件的开发。基于以上考虑，本书采用 Visual C++ 作为 TCP/IP 网络编程的实现语言；同时，为了帮助读者融会贯通，本书在附录中介绍了使用 Python 和 Java 制作的 TCP 通信程序。

本书为教师提供教学用多媒体课件、实例源文件和习题参考答案，可在清华大学出版社网站(www. tup. com. cn)本书页面中免费下载。

本书是微课版，提供了 20 个配套视频，在 Visual Studio 2010 环境中对书中的关键内容进行了演示和讲解，扫描书中相应位置的二维码即可观看。

本书编写分工如下：唐四薪编写了第 1～8 章，郑光勇编写了第 9、10 章，唐琼编写了第 11 章，湖南中兴网信科技有限公司的欧阳宏编写了第 12 章，林睦纲、谭晓兰、喻缘、刘燕群、唐沪湘、刘旭阳、陆彩琴、唐金娟、谢海波、尹军、唐琼、何青、唐佐芝、舒清健等编写了第 13 章。

本书的写作得到湖南省普通高等学校教学改革研究项目(2018)“CDIO 理念下基于混合式教学的网络编程课程教学改革探索与实践”的支持。本书是湖南省教育厅科学研究一般项目“半监督学习方法在 RNA 比较序列分析中的应用”(编号：15C0204) 的研究成果。

限于作者水平，书中不妥之处在所难免，恳请广大读者和同行批评指正。

编　者

2019 年 5 月

目　　录

第1章　网络编程的实现原理

在学习网络编程之前，需要先明白网络程序的几种类型，并且能够根据实际应用选择合适的网络程序类型来开发应用软件。套接字是开发网络程序的核心技术，掌握套接字的原理、类型、网络字节顺序能够为学习网络编程做好准备。另外，网络编程经常涉及对字符串的处理，本章还将介绍 Visual C++ 中常用的字符串处理函数。

1.1　网络程序的类型与应用领域

什么是套接字

1.1.1　网络程序的类型

早期的应用程序都是运行在单机上的，称为桌面应用程序。后来由于网络的普及，出现了运行在网络上的应用程序（网络软件）。总的来看，网络应用程序有 C/S、B/S 和 P2P 3 种结构。

1. C/S 结构

C/S 是 Client/Server 的缩写，即客户机/服务器结构，这种结构的软件包括客户端程序和服务器端程序两部分。例如，人们常用的 QQ 或 MSN 等网络软件需要下载并安装专用的客户端软件（见图 1-1），并且服务器端也需要特定的软件支持才能运行。

图 1-1　C/S 结构的 QQ 客户端界面

C/S 结构最大的缺点是不易部署，因为每台客户端计算机都要安装客户端软件。而且，如果客户端软件需要升级，则必须为每台客户端计算机单独升级。另外，客户端软件通常对计算机的操作系统也有要求，例如有些客户端软件只能运行在 Windows 平台下。

2. B/S体系结构

B/S是Browser/Server的缩写，即浏览器/服务器结构。它是随着Internet技术的兴起，对C/S结构的一种变化或者改进的结构。在这种结构下，客户端软件由浏览器来代替(见图1-2)，一部分事务逻辑在浏览器端实现，但是主要事务逻辑在服务器端实现。目前流行的是三层B/S结构(即表现层、事务逻辑层和数据处理层)。

图1-2 B/S结构的浏览器端界面

B/S结构很好地解决了C/S结构的上述问题。因为每台客户端计算机都自带浏览器，就不需要额外安装客户端软件了，也就不存在客户端软件升级的问题了。另外，由于操作系统一般都带有浏览器，因此B/S结构对客户端的操作系统也就没有要求了。

B/S结构与C/S结构相比，也有其自身的缺点。首先，因为B/S结构的客户端软件界面就是网页，因此操作界面不可能做得很复杂、漂亮。例如，很难实现树状菜单、选项卡式面板或右键快捷菜单等(或者虽然能够模拟实现，但是响应速度比C/S结构中的客户端软件要慢很多)。其次，B/S结构下的每次操作一般都要刷新网页，响应速度明显不如C/S结构。最后，在网页操作界面下，操作大多以鼠标方式为主，无法定义快捷键，也就无法满足快速操作的需求。

3. P2P结构

P2P是Peer-to-Peer的缩写，在英文中，Peer有"同等者""伙伴"的意思，P2P即点对点结构(或称对等式网络结构)。这种结构的特点是：网络中的主机没有客户端和服务器端之分，每台主机既作为服务器端又作为客户端。P2P结构的一个典型应用是BT下载，在BT下载中，每台主机既作为客户端从其他主机下载资源，又作为服务器端提供资源供其他主机下载。由于每台主机都能同时从很多台其他主机下载资源，因此下载速度很快。

P2P结构的另一个应用是网络视频会议系统，网络视频会议的每一方都接收其他各方的视频，同时也发送视频给其他各方。因此，P2P在网络音视频传输领域也有广泛的应用，例如互联网电话Skype。

P2P网络的一个重要目标就是让所有接入端都能提供资源，包括带宽、存储空间和计算能力。因此，当有新节点加入且对系统请求增多时，整个系统的容量也随之增大。这对于只有一个固定服务器的C/S结构是不能实现的，因为在C/S结构中，客户端的增加意味着所有用户的数据传输速率变慢。而P2P网络具有分布特性，通过在多个节点上复制数据，既提高了数据传输速率，也增强了防故障的健壮性。并且在纯P2P网络中，节点不需要依靠一个中心索引服务器来发现数据，因此，系统也不会出现单点崩溃。P2P的缺点在于：用在大规模网络上时资源分享紊乱，管理较难，安全性较低。

4. 其他网络软件

还有一些网络软件只有客户端或服务器端之一。例如，电子邮件客户端就是单独的客户端软件，它需要连接其他公用的邮件服务器才能收发邮件。而Web服务器软件(如Apache、IIS)则是单独的服务器端软件，它们提供服务供客户端访问(此时由浏览器充当客户端)。

本书主要介绍C/S结构网络软件的设计实现，C/S软件的编程是在传输层上进行的网络编程，因此又叫TCP/IP网络编程。而B/S软件的编程是基于HTTP的网络编程，俗称Web编程，由于Web编程是为了实现基于应用层协议的网络通信，只需要考虑网络数据的接收和发送，而不需要考虑侦听、建立连接等步骤，因此Web编程的实现原理比TCP/IP网络编程的原理简单得多。本书不介绍Web编程。

1.1.2 网络程序的应用领域

C/S结构的程序大量应用于工业控制软件，如监控系统、医疗软件、超市POS软件等。而B/S结构的软件主要用于开发各种管理信息系统(包括网站)。

总的来说，如果只是希望开发一个信息系统，供远程用户进行信息查询或信息修改，则推荐使用B/S结构来实现，可以降低开发和部署的难度。但B/S结构的缺点在于，由于它的客户端就是浏览器，因此服务器端只能对浏览器进行操控，而无法控制客户端的操作系统。

而C/S结构的客户端是独立的应用程序，使得服务器端和客户端之间不仅具有信息传递功能，更重要的是任何一方都可以向对方发送控制指令，从而能够远程控制对方的操作系统来执行各种各样的操作(例如关机、禁止切换程序、记录键盘输入等)，这是B/S结构的软件根本无法实现的。因此，如果希望开发具有远程控制功能的系统，则只能使用C/S结构的程序。C/S结构软件的第二个特点是服务器端能够主动发送数据给客户端；而在B/S结构中，服务器端是被动的，总是先由浏览器发出请求，服务器端再作出响应。

下面列举C/S结构软件的3种典型应用。

1. 工业控制软件

在很多行业(例如钢铁、化工、电力等)中，都需要通过工业控制软件来远程控制各种机器设备的运行，员工坐在办公室内，轻点鼠标就能控制和监控车间内各种设备的运行。对于这种软件来说，被控端(机器设备)和主控端之间通过网络相连，两者之间要传输控制命令和监控数据，都需要通过网络编程来实现。图1-3是一个工业控制软件的主控端界面。

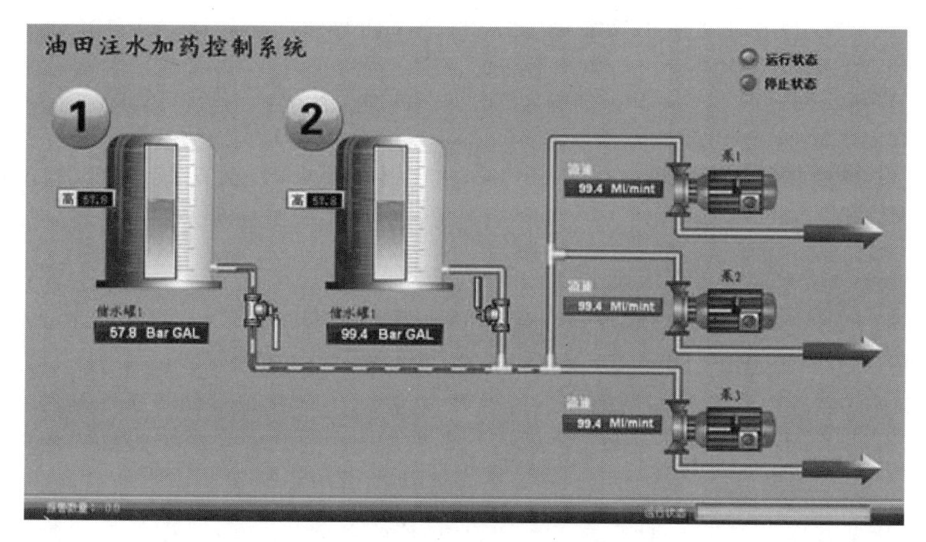

图 1-3　一个工业控制软件的主控端界面

大部分工业控制软件都是采用 C++ 编写的,而很少采用 Java 等其他编程语言。其主要原因是:大部分工业控制软件运行于裸机、μCOS、μCLinux 和 Windows CE 中,这些平台比较简单,没有 JVM(Java Virtual Machine,Java 虚拟机),而 Java 程序的运行需要 JVM,所以 Java 不能运行于上述平台。

工业控制软件大多采用组态软件的形式开发,而通信模块作为组态运行环境中数据交互的重要渠道,通常处于监控组态软件运行环境的核心区。

2. 物联网通信软件

物联网(Internet of Things,IoT)就是物物相联的互联网,物联网要求设备与设备之间具有双向的通信能力,这是 B/S 结构无法实现的,因此,物联网通信一般采用基于 TCP/IP 的 C/S 模式。举例来说,图 1-4 是一种公用的汽车全景影像服务系统,与普通的全景影像系统不同,该系统不需要在汽车上安装摄像头,而是连接附近的公共摄像头,控制这些公共摄像头拍摄影像并回传到汽车中。

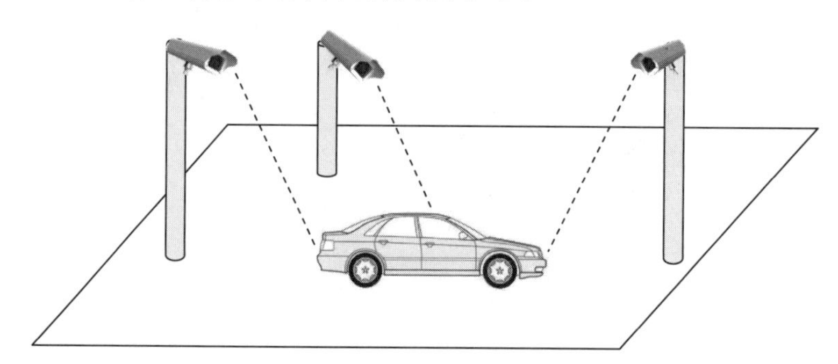

图 1-4　一种公用的汽车全景影像服务系统

显然，这是一种典型的物联网应用，其关键技术是位于汽车内的主控端要和附近的公共摄像头进行网络通信，这就需要制定一种协议，包括汽车端和公共摄像头之间如何通过发送特定格式的数据包建立连接、主控端控制命令的格式、公共摄像头端传输的影像信息的数据包格式等。

3. 计算机等级考试系统

计算机等级考试系统是典型的C/S结构软件，它由一个服务器端连接很多个考试客户端。服务器端能发送试题给客户端，客户端交卷时把做好的各个文件打包发送给服务器。显然，服务器端和客户端之间需要双向通信。此外，服务器端还要能够禁止客户端在做选择题时进行程序切换，这需要服务器能够控制客户端的操作系统，因此是无法使用B/S结构实现的。

需要说明的是，工业控制软件和物联网通信软件除了可使用Socket编程实现以外，还可使用其他网络通信协议(如WinPcap、Libcoap、MQTT等)编程实现。

1.2 套接字及其种类

人们每天都在使用QQ，但大家想过像QQ这样的网络通信软件是如何开发出来的吗？其实，任何网络通信软件的实现都离不开一种关键技术，那就是套接字(Socket)。套接字实际上是TCP/IP网络编程的编程接口。

1.2.1 什么是套接字

为了让开发者能够方便地开发网络应用软件，1983年，由加州大学伯克利分校在UNIX上推出了一种应用程序访问通信协议的操作系统调用——Socket(套接字)。Socket的出现，使程序员可以很方便地访问TCP/IP协议簇，从而开发出各种类型的网络应用程序。

随着UNIX的广泛应用，套接字在网络软件编程中得到了极大的普及。1991年，微软公司将Socket引入Windows操作系统，称为WinSock，成为在Windows系统下开发网络应用程序非常快捷、有效的工具。

套接字存在于通信区域中。通信区域是一个抽象的概念，主要用于将使用套接字通信的进程的共有特性综合在一起。套接字通常只与同一通信区域的套接字交换数据(也有可能跨区域通信，但这只在执行了某种转换进程后才能实现)。Windows Socket只支持一个通信区域：网际域(AF_INET)，这个域能够被使用网际协议簇通信的进程使用。

1. TCP/IP协议簇与Socket的关系

TCP/IP只是一个协议簇，用来定义网络的运行机制，如果要用程序来具体实现TCP/IP协议簇的功能，就必须使用TCP/IP协议簇对外提供的一个编程接口，而

Socket 就是 TCP/IP 协议簇提供的编程接口，就像 Win32 API 是 Windows 提供的编程接口一样。

TCP/IP 协议簇包括应用层、传输层、网络层、接口层，而 Socket 是应用层与 TCP/IP 协议簇通信的中间软件抽象层。Socket 在 TCP/IP 协议簇中的位置如图 1-5 所示。

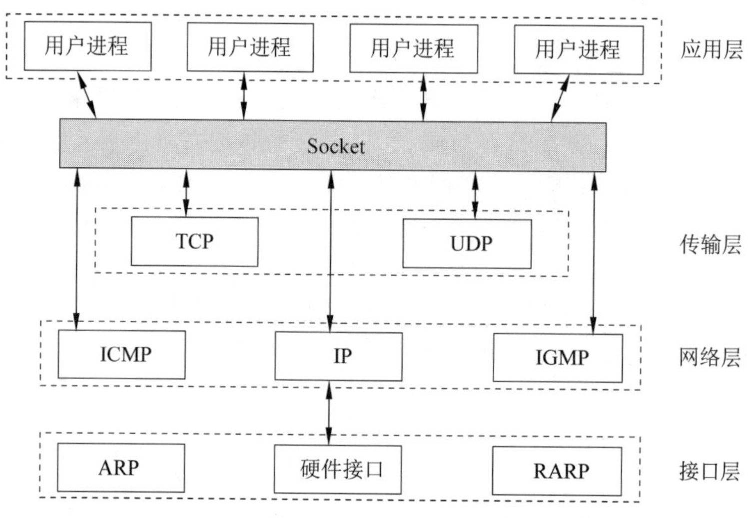

图 1-5　Socket 在 TCP/IP 协议簇中的位置

2. 标识通信进程的方法

在网络通信中，通信的各方进程如何标识自己呢？众所周知，一个 IP 地址可以标识一台主机，而“IP 地址：端口号”可标识主机上的一个进程。TCP 和 UDP 的端口是不共用的，因此端口又分为 TCP 端口和 UDP 端口，也就是说端口号必须指定协议名。

1）半相关

网络中用一个如下的三元组可以在全局中唯一地标识一个进程：

（协议，本机地址，本地端口号）

这样一个三元组叫作一个半相关(half-association)，它指定了连接的每半部分。

2）全相关

一个完整的网间进程通信需要由两个进程组成，并且只能使用同一种高层协议。也就是说，不可能通信的一端用 TCP 而另一端用 UDP。因此一个完整的网间通信需要用如下一个五元组来标识：

（协议，本机地址，本地端口号，远地地址，远地端口号）

这样的一个五元组叫作一个全相关(association)，即两个协议相同的半相关才能组合成一个全相关。

3. 套接字地址的结构

在 Socket 网络通信中，需要使用 struct sockaddr 和 struct sockaddr_in 两种结构体来处理套接字通信的地址。简而言之，sockaddr 表示 WinSock 的通用地址，它把 IP 地址和端口号混在一起存储，该地址设计之初就是为了兼容不同网络协议簇的地址，而sockaddr_in表示Internet环境下的地址，该结构体消除了sockaddr的缺陷，把IP地址和端口号分别存储在两个变量中。

sockaddr的地址结构如下：

```
struct sockaddr {
    u_short sa_family;          //2 位地址协议簇
    char sa_data[14];           //14 位协议地址
}
```

sockaddr_in的地址结构如下：

```
struct sockaddr_in{
    short sin_family;           //AF_INET
    u_short sin_port;           //16 位端口号,网络字节顺序
    struct in_addr sin_addr;    //32 位 IP 地址,网络字节顺序
    char sin_zero[8];           //保留
};
```

因此，在为套接字设置IP地址和端口号时需要使用sockaddr_in地址，而sockaddr地址常作为bind()、connect()、accept()等函数的参数，表示一种通用的套接字地址。sockaddr和sockaddr_in两种结构体的长度是一样的，都是16字节，即占用的内存大小是一致的，因此两者可以互相转化。具体方法是，首先定义一个sockaddr_in结构体类型的指针变量p，通过强制类型转换让p指向sockaddr结构体类型的变量，然后指针p可按sockaddr_in类型对各字段完成赋值。代码如下：

```
struct sockaddr a;
struct sockaddr_in *p;
p=(sockaddr_in *) &a;   /*强制类型转换,其中 &a 表示这是一个地址,(sockaddr_in *)
                          表示转换成另一种类型的指针变量*/
p->sin_family=AF_INET;
p->sin_port=5566;
p->sin_addr=inet_addr("192.168.1.5");
```

1.2.2 套接字的类型

为了满足不同种类的通信程序对通信质量和性能的需求，Socket API提供了下列3种类型的套接字。

(1) 流式套接字(SOCK_STREAM)。提供面向连接、可靠的数据传输服务。数据无差错、无重复地发送，且按发送顺序接收。内设流量控制，避免数据流超限。数据被看作字节流，无长度限制。TCP使用流式套接字。

(2) 数据报套接字(SOCK_DGRAM)。提供无连接服务。数据报以独立包形式被发送，不提供无错保证，数据可能丢失或重复，并且接收顺序混乱。UDP使用数据报套接字。

(3) 原始套接字(SOCK_RAW)。该套接字允许对较低层协议(如 IP、ICMP)直接进行访问。常用于检验新的协议实现或访问现有服务中配置的新设备。例如,ping 命令、抓包软件都可以用原始套接字来实现。

套接字在编程时对于开发人员是可见的,网络应用程序一般使用同一类型的套接字进行通信。

1.2.3 网络字节顺序

现代计算机具有几种不同的体系结构,如 IBM x86、PowerPC、苹果 PC 等。不同体系结构的计算机在存储多字节数据时有大端字节顺序和小端字节顺序两种方式,当不同字节顺序的计算机通过网络交换数据时,如果不作任何处理,将会出现严重的问题。例如,一台使用 PowerPC 系列 CPU、运行 Linux 系统的主机发送一个 16 位的数据 0x1234 到一台采用 Intel 酷睿 i5 系列 CPU、运行 Windows 7 系统的主机时,这个 16 位的数据将被 Intel 的 CPU 解释成 0x3412,也就是将整数 4660 当成了 13 330。

为了解决这一问题,在编写网络程序时规定:发送端发送的多字节数据必须先转换成与具体主机无关的网络字节顺序;接收端收到数据后,必须将数据再转换回主机字节顺序。网络字节顺序采用的是大端存储的方式。

在 WinSock 编程中,绑定套接字的 IP 地址及端口号时必须采用网络字节顺序,而由套接字函数返回的 IP 地址和端口号在本机进行处理时,则需要转换回主机字节顺序。网络字节顺序和主机字节顺序的转换主要依靠下列几个函数来完成。

1. 端口号转换函数

1) htons()函数

htons()函数将一个 16 位的无符号短整型数据由主机字节顺序转换成网络字节顺序。由于 TCP(或 UDP)端口号是一个 16 位的无符号整型数,范围是 0~65 535,因此一般使用 htons()函数将主机字节顺序转换成网络字节顺序。例如:

```
addrSer.sin_port=htons(5566);          //设置套接字地址的端口号为 5566
```

2) ntohs()函数

ntohs()函数将一个 16 位的无符号整型数据由网络字节顺序转换成主机字节顺序,其功能与 htons()函数相反。

另外,还有 htonl()和 ntohl(),这两个函数用于对一个 32 位的无符号长整型数据进行网络字节顺序和主机字节顺序的相互转换。

2. IP 地址转换函数

为了便于书写和记忆,IP 地址一般用点分十进制表示,但这并不是计算机内部的 IP 地址表示方式,计算机内部的 IP 地址是以无符号长整型方式存储的。为了将用户输入的点分十进制形式的 IP 地址与程序内部使用的无符号长整型 IP 地址相互转换,WinSock

提供了下面两个函数。

1) inet_addr()函数

inet_addr()函数将点分十进制形式表示的IP地址转换成32位的无符号长整型数。函数原型如下：

```
unsigned long inet_addr(const char * cp);
```

例如，设置套接字的IP地址通常使用下面的语句：

```
addrSer.sin_addr.S_un.S_addr=inet_addr("127.0.0.1");      //设置套接字的 IP 地址
```

2) inet_ntoa()函数

inet_ntoa()函数将一个包含在in_addr结构变量中的长整型IP地址转换成点分十进制形式，其功能与inet_addr()函数正好相反。函数原型如下：

```
char * inet_ntoa(struct in_addr in);
```

其中，in是一个保存有32位二进制IP地址的in_addr结构体类型的变量。

```
inet_ntoa (fromaddr.sin_addr);          //将 IP 地址从网络字节顺序转换为主机字节顺序
```

1.3 Visual C++ 编程基础知识

VC编程基础

1.3.1 Visual C++ 字符串处理函数

在网络编程中，经常需要对字符串进行处理。在Visual C++中声明字符串有如下几种方式：

```
char user[10];                        //声明长度为 10 字节的字符串
char user[10]="小猫叫"                 //声明固定长度的字符串并赋值,占 10 字节空间
char user[]="小猫叫"                   //声明字符串并赋值,占 7 字节空间
const char * wel="欢迎您,尊敬的"        //声明字符串常量,该字符串不能修改
char * Buf=new char[len];             //字符串长度为变量 len,可导致内存溢出
```

字符串处理函数主要有如下几个，在使用str开头的字符串处理函数之前，必须先包含头文件string.h，而sprintf()需要头文件stdio.h。

- strcat()：用于连接两个字符串，并将连接后的字符串保存到第一个参数代表的字符串中。
- strcmp()：比较字符串，常用于判断字符串是否为某个值。
- strlen()：获取字符串的长度，不包括字符串末尾的'\0'。
- strcpy()：复制字符串，常用于给字符串重新赋值。
- sprintf()：用于将多个字符串变量或其他变量连接在一起，组成一个新的字符串。
- sizeof()：这是一个运算符，不是函数，它可返回某个变量占用的内存空间。
- memset()：用于将某个变量的内存空间清零，其语法为 void * memset(void * s,

int c,size_t n),总的作用是将已开辟内存空间 s 的首 n 字节的值设为值 c。

下面利用字符串处理函数编写一个简单的用户登录程序。

在 Visual C++ 中新建工程,执行菜单命令“文件”→“新建”→“工程”,选择 Win32 Console Application,输入工程名,单击“下一步”按钮,在 Win32 Application 对话框中选中“一个简单的 Win32 程序”单选按钮。在新建的工程文件中输入如下代码:

```
#include "stdafx.h"
#include "iostream.h"                    //cin()、cout()函数的支持文件
#include "stdio.h"                       //sprintf()函数的支持文件
#include "string.h"                      //字符串处理函数的支持文件
int main(){
    char user[10],pwd[10],all[98];
    const char * wel="欢迎您,尊敬的",local[]="湖南";
    while(1){                            //用户输入出现错误后,还有机会重新输入
        cout<<"请输入您的姓名\n";
        cin>>user;
        cout<<"请输入您的密码\n";
        cin>>pwd;
        cout<<sizeof(pwd)<<"    "<<strlen(pwd) <<"\n";
        if(strlen(pwd)>=6){
            if(strcmp(pwd,"111111")==0){
                //strcat(wel,user);  //用 strcat()连接两个字符串
                sprintf(all,"%s%s,您来自%s", wel,user,local);
                                         //用 sprintf()连接 3 个字符串
                cout<<all<<"\n";
                break;
            }
            else cout<<"非法用户,拒绝登录\n";
        }
        else cout<<"密码不少于 6 个字符\n";
    }
    return 0;
}
```

提示:main()函数的 return 语句用来退出函数,return 0 表示函数正常结束,非 0 值表示函数异常结束。因此,每个 main()函数中只有一条 return 语句会被执行。

如果要在 Visual Studio 2010 中新建项目,则执行菜单命令“文件”→“新建”→“项目”,在图 1-6 所示的“新建项目”对话框中,找到 Visual C++,选择“Win32 控制台应用程序”,在下方“名称”文本框中输入项目名,单击“确定”按钮,在下一步中单击“完成”按钮即可。

另外,在 Visual Studio 2010 中,#include "iostream.h"必须写成以下两条语句:

```
#include "iostream"
using namespace std;          //使用命名空间 std
```

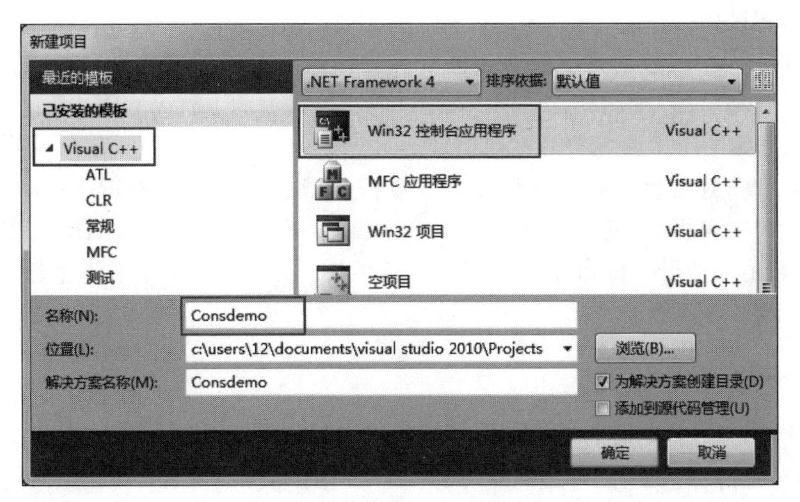

图 1-6 “新建项目”对话框

1.3.2 Visual C++ 新增的数据类型

在使用 Visual C++ 编写程序时，除了可以使用标准 C++ 中的数据类型外，还可使用 Visual C++ 定义的一些特有的数据类型，这些数据类型大都是基于标准 C++ 中的数据类型重新定义的，在 WinSock 编程中经常会使用。表 1-1 列出了 Visual C++ 中常用的数据类型与标准 C++ 中对应的数据类型。

表 1-1 Visual C++ 中常用的数据类型及说明

数据类型	标准 C++ 中对应的数据类型	说明
BSTR	unsigned short*	16 位字符指针
BYTE	unsigned char	8 位无符号整数
DWORD	unsigned long	32 位无符号整数，段地址和相关的偏移地址
LONG	long	32 位带符号整数
LPARAM	long	作为参数传递给窗口过程或回调函数的 32 位值，通常用来提供一个字符串或结构体的指针
LPCSTR	const char*	指向字符串常量的 32 位指针
LPSTR	char*	指向字符串的 32 位指针
LPVOID	void*	指向未定义类型的 32 位指针
UNIT	unsigned int	32 位无符号整数
WORD	unsigned short	16 位无符号整数
WPARAM	unsigned int	作为参数传递给窗口过程或回调函数的 32 位值

可见，Visual C++ 中的数据类型都是以大写字母表示的，这主要是为了与标准 C++

的数据类型相区别。

Visual C++ 中的数据类型的命名也是有规律的。指针类型的命名方式一般是在其指向的数据类型前加 LP，例如指向 DWORD 的指针类型为 LPDWORD；无符号类型一般以 U 开头，例如 UINT 是无符号整数类型。

Visual C++ 还提供一些宏来处理基本数据类型。例如，LOWORD 和 HIWORD 这两个宏分别用来获取 32 位数值中的低 16 位和高 16 位；LOBYTE 和 HIBYTE 分别用来获取 16 位数值中的低 8 位和高 8 位；MAKEWORD 则是将两个字节类型数据合成一个 16 位的 WORD 类型数据。

习题

1. 设有语句 char str[]="abcde"; int a=strlen(str); int b=sizeof(str);，则 a 和 b 的值分别是(　　)。

   A. 5 和 5　　B. 5 和 6　　C. 6 和 5　　D. 5 和 4

2. 在程序中要使用 cin()函数，则应包含(　　)头文件。

   A. stdio.h　　B. stdlib.h　　C. iostream.h　　D. windows.h

3. 设有语句 char sendbuf[256]="服务器：>";，若要给 sendbuf 重新赋值，正确的写法是(　　)。

   A. char sendbuf[256]="客户端：";　　B. sendbuf[256]="客户端：";

   C. strcpy(sendbuf, "客户端：");　　D. strcat(sendbuf, "客户端：");

4. 要对套接字分别设置 IP 地址、端口号，需要使用________结构体。

5. 网络应用程序可分为 C/S、B/S 和________ 3 种体系结构。

6. 套接字有 3 种，分别是________、流式套接字和________。

7. 在 Visual C++ 中，要将一个字符数组与一个整型数连接在一起，成为一个新的字符数组，可以使用________函数。

8. 要将用户输入的点分十进制 IP 地址转换成计算机内部使用的无符号长整型 IP 地址，需要使用________函数。

9. 在 Visual C++ 新增的数据类型中，以 LP 开头的数据类型表示________类型。

10. 在网络通信中，为了唯一标识通信双方的一个连接，需要用到一个五元组，这个五元组是什么？

第2章 控制台版本的TCP通信程序

Socket编程并不会涉及复杂的算法，而是按照固定的流程调用相应的函数就能完成程序的编写，能够记住并理解Socket程序的流程对学习网络编程是至关重要的。为了帮助读者理解Socket程序的流程，本章将编写一个控制台版本的TCP通信程序。由于控制台程序中没有程序界面的代码，因此可清晰地看到Socket程序的流程。

2.1 套接字编程基础

TCP是一个面向连接的传输层协议，提供高可靠性的字节流传输服务，主要用于一次传输要交换大量报文的情形。为了维护传输的可靠性，TCP增加了许多开销，例如确认、流量控制、计时器以及连接管理等。TCP的传输特点如下。

- 端到端通信。TCP的连接是端到端的，这意味着一个TCP连接只支持两方通信，通常是客户端为一方，服务器端为另一方。
- 建立可靠连接。TCP要求客户端在与服务器端交换数据之前必须先连接服务器，这样就测试了网络的连通性。
- 可靠交付。一旦建立连接，TCP保证数据将按发送时的顺序交付，不会丢失，也不会重复，如果因为故障而不能可靠交付，发送方会得到通知。
- 双工传输。在任何时候，单个TCP连接都允许同时双向传输数据，因此客户端和服务器端可同时向对方发送数据。
- 流模式。TCP从发送方向接收方发送的数据是没有报文边界的字节流。

2.1.1 套接字编程步骤

要使用流式套接字开发基于TCP的网络通信程序，需要分别制作服务器端程序和客户端程序。这两种程序调用WinSock函数的流程如图2-1所示。

总的来说，TCP服务器端程序的流程如下：

(1) 加载WinSock动态链接库（WSAStartup()）。

(2) 创建套接字(socket())，并将第2个参数设置为SOCK_STREAM。

(3) 绑定套接字(bind())到一个IP地址和端口上。

(4) 将套接字设置为监听模式，等待连接请求(listen())。套接字监听就相当于手机待机，要等待客户端连接，必须提前处于监听状态，才能保证客户端任何时刻都能与服务器连接。

(5) 连接请求到来后，接受连接请求，返回一个新的对应于此次连接的套接字(accept())。

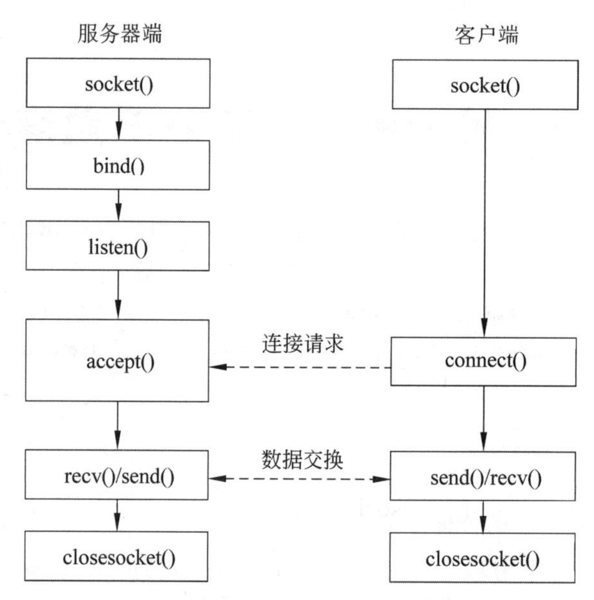

图 2-1　TCP 通信程序的 WinSock 函数调用流程

(6) 用 accept()返回的套接字和客户端进行通信(send()和 recv())。

(7) 关闭套接字,关闭加载的套接字库(closesocket()/WSACleanup())。

TCP 客户端程序的流程如下：

(1) 加载 WinSock 动态链接库(WSAStartup())。

(2) 创建套接字(socket()),并将第 2 个参数设置为 SOCK_STREAM。

(3) 向服务器发送连接请求(connect())。

(4) 和服务器端进行通信(send()/recv())。

(5) 关闭套接字,关闭加载的套接字库(closesocket()/WSACleanup())。

其中,需要注意以下几点：

(1) accept()是接受连接请求函数,因此在 TCP 通信中,是服务器端先执行 accept()函数,客户端再接着执行 connect()函数。但 connect()函数会先于 accept()函数执行完毕。如果 connect()函数连接成功,则 accept()函数会返回一个新的套接字。

(2) 在 TCP 通信中,任何一方都可以先发送数据给对方,因此 send()和 recv()函数是没有先后顺序之分的。

(3) 服务器端程序需要先运行,客户端程序才能运行。因为只有服务器处于监听状态时,客户端才能成功发送连接请求。

套接字编程的准备工作

2.1.2　套接字编程的准备工作

WinSock 由两部分组成：开发组件和运行组件。开发组件主要是 WinSock 的头文件 winsock2. h,其中包括 WinSock 定义的宏、常数值、结构体和函数调用接口原型;运行组件是指 WinSock 应用程序接口的动态链接库文件和静态链接库(导入库)文件。WinSock各版本的头文件和链接库文件如表2-1所示。

表2-1 WinSock各版本的头文件和链接库文件

版本	头文件	动态链接库文件	静态链接库文件
WinSock 1	winsock.h	winsock.dll	winsock.lib
WinSock 2	winsock2.h	ws2_32.dll	ws2_32.lib

要在Visual C++编程中使用WinSock,必须做下面几步的准备工作。

1. 包含WinSock的头文件

需要在程序文件首部使用编译预处理命令#include,将WinSock的头文件包含进来。例如,下面的预处理命令把winsock2.h头文件包含进来:

```
#include <winsock2.h>
```

提示: winsock2.h头文件与windows.h头文件存在相互包含关系,因此,如果在程序中已包含了windows.h文件,通常就不必再包含winsock2.h文件了。如果一定要包含winsock2.h文件,则要将#include <winsock2.h>写在#include <windows.h>之前。

2. 连接WinSock导入库

连接WinSock导入库,有两种方法:

第一种方法是在程序中使用预处理命令#pragma comment。例如,程序要使用WinSock 2时,可使用如下预处理命令:

```
#pragma comment(lib, "ws2_32.lib")
```

第二种方法是执行Visual C++的"工程"→"设置"菜单命令,在Project Settings对话框中选择"连接"选项卡,在"对象/库模块"下的文本框中输入Ws2_32.lib,如图2-2所示。如果是Visual Studio 2010,则在项目属性页中依次选择"配置属性"→"连接器"→"输入",在"附加依赖项"中直接添加导入库名字。

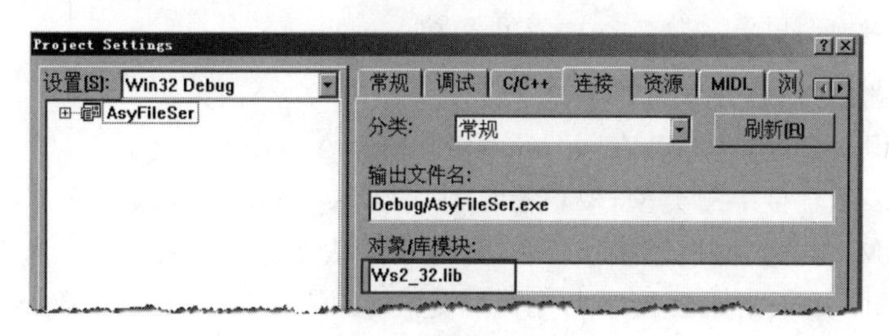

图2-2 在Visual C++中连接导入库

由于第二种方法在不同的系统中需要重新设置,而第一种方法方便代码共享,因此建议使用第一种方法链接导入库。

2.1.3 套接字编程中使用的函数

下面对套接字编程中使用的各个函数进行详细介绍。

1. WSAStartup()函数

应用程序运行时必须先载入 WinSock 动态链接库(ws2_32.dll)才能调用 WinSock 函数实现网络通信功能。加载动态链接库的方法是使用 WSAStartup()函数,该函数原型如下:

```
int WSAStartup(
    WORD wVersionRequested,              //版本号
    LPWSADATA lpWSAData                  //一个指向 WSADATA 结构体变量的指针
);
```

该函数返回值是一个整数,函数调用成功则返回 0。

假如一个程序要使用 2.2 版本的 WinSock,可用如下代码加载 WinSock 动态链接库:

```
WSADATD wsaData;
int err=WSAStartup(MAKEWORD(2, 2), &wsaData);
if(err!=0) {
    cout<<"WinSock 不能被初始化!";       //WinSock 初始化错误处理代码
    WSACleanup();
}
```

提示:MAKEWORD 是一个宏定义(而不是函数),它的作用是把两个字节型数据合成一个 WORD 型(16 位整型)数据。

2. socket()函数

在 WinSock 中,socket()函数用来创建套接字。该函数原型如下:

```
SOCKET socket(int af, int type, int protocol);
```

该函数有 3 个参数,各参数的含义如下:

- af:标识一个地址家族,在 Windows 中总是 AF_INET。
- type:表示套接字的类型,取值有 3 种,SOCK_STREAM 表示流式套接字,SOCK_DGRAM 表示数据报套接字,SOCK_RAW 表示原始套接字。
- protocol:用于指定套接字所用的特定协议,依赖于第 2 个参数 type。对于 TCP 或 UDP 通信来说,该参数一般设为 0,表示默认的协议;但对于原始套接字来说,该参数有很多不同的取值。

socket()函数的返回值数据类型是 SOCKET,它是 WinSock 中专门定义的一种新的

数据类型，表示套接字描述符，是一个无符号整型数。其定义为

```
typedef u_int SOCKET;
```

3. bind()函数

socket()函数在创建套接字时并没有为创建的套接字分配地址，因此服务器端在创建了监听套接字之后，需要使用bind()函数将套接字绑定到一个已知的地址上，即为套接字指定协议名、本机IP地址和端口号。该函数原型如下：

```
int bind(SOCKET s,struct sockaddr * name, int namelen);
```

该函数有3个参数，各个参数的含义如下：

- s：需要绑定地址的套接字。
- name：是一个sockaddr结构体指针，该结构中包含了要绑定的IP地址和端口号。
- namelen：是name缓冲区的长度。

如果该函数执行成功，则返回值为0，否则返回值为SOCKET_ERROR。

提示：客户端的套接字一般不用绑定地址，当客户端程序调用connect()函数与服务器建立连接时，系统会自动为套接字选择一个IP地址和临时端口号，因此客户端很少使用bind()函数。服务器端的监听套接字不绑定地址也不会出现明显错误，因为当服务器调用listen()函数时，系统也会为套接字分配IP地址和临时端口号，不过由于临时端口号很难被客户端知晓，从而导致客户端无法连接服务器，因此服务器端需要用bind()函数绑定地址。

4. listen()函数

listen()函数是只能由服务器端使用的函数，而且只适用于流式套接字，listen()函数用于将套接字设置为监听模式。该函数原型如下：

```
int listen(SOCKET s, int backlog);
```

该函数有两个参数，各个参数的含义如下：

- s：套接字。
- backlog：表示等待连接的最大队列长度。例如，若设置backlog为4，当同时收到5个客户端的连接请求时，则前4个客户端的连接请求会放置在等待队列中，第5个客户端会收到错误信息。该参数值通常设置为常量SOMAXCONN，表示将连接等待队列的最大长度值设为一个最大的合理值，该值由底层开发者指定，在WinSock 2中，该值为5。

提示：listen()函数中的backlog设置的是等待连接的客户端的最大个数，并不是服务器端能够同时连接的客户端数。TCP是一对一通信协议，因此一个服务器套接字在任何时候都只能连接一个客户端。

5. accept()函数

accept()函数只适用于流式套接字，并且也是只能由服务器端使用的函数。其功能

是：接收指定的监听套接字传入的一个连接请求，并尝试与请求方建立连接；连接建立成功后则返回为该连接创建的一个新套接字。该函数原型如下：

```
SOCKET accept(SOCKET s, struct sockaddr * addr, int FAR* addrlen);
```

该函数有3个参数，各个参数的含义如下：

- s：是一个套接字，它应处于监听状态。
- addr：是一个sockaddr结构体指针，包含一组客户端的IP地址、端口号等信息。
- addrlen：指针类型，指向参数addr的长度。

accept()函数返回一个已建立连接的新的套接字的描述符(即已连接套接字的描述符)，服务器与客户端的所有后续通信都应使用这个新的套接字(称为通信套接字)。而原来的监听套接字仍然处于监听状态，可以继续接收其他客户端的连接请求。

默认情况下，如果调用accept()函数时还没有客户端的连接请求到来，accept()函数将继续等待，进程将阻塞，直到客户端与服务器建立了连接之后才会返回。

6. connect()函数

connect()函数只能用在客户端，其功能是建立客户端与服务器之间的连接。客户端调用connect()函数时发起主动连接，TCP开始三次握手过程，三次握手过程完成后，connect()函数返回。该函数的原型如下：

```
int connect(SOCKET s, const struct sockaddr * name, int namelen);
```

各个参数的含义如下：

- s：是一个套接字。
- name：套接字s想要连接的服务器IP地址和端口号。
- namelen：name缓冲区的长度。

connect()函数用于发送一个连接请求。若成功则返回0，否则返回SOCKET_ERROR。用户可以通过WSAGetLastError()函数得到其错误描述。

7. send()函数

在连接建立成功后，就可以在已建立连接的套接字上发送和接收数据了。对于流式套接字，发送数据通常使用send()函数。注意send()函数发送成功仅表示已经将数据发送到本机WinSock的缓冲区中，并不表示对方主机已成功接收。该函数的原型如下：

```
int send(SOCKET s, const char * buf, int len, int flag s);
```

该函数有4个参数，各个参数的含义如下：

- s：已建立连接的套接字标识符。
- buf：用来存放待发送数据的缓冲区，是该缓冲区地址的指针，如字符数组名。
- len：缓冲区buf中要发送数据的字节数，如strlen(str)+1。
- flags：用于控制数据发送的方式。通常取0，表示正常发送数据；如果取值为宏MSG_DONTROUT，则表示目的主机就在本地网络中，也就是与本机在同一个

IP网段上，数据分组无须路由即可直接交付目的主机，如果传输协议的实现不支持该选项则忽略该标志；如果取值为宏 MSG_OOB，则表示数据将按带外数据发送。

该函数的返回值是成功发送的字节数，注意，该发送的字节数有可能小于参数 len；如果连接已关闭，则返回 0；如果出现发送错误，则返回 SOCKET_ERROR。

8. recv()函数

recv()函数用来在已建立连接的流式套接字中接收数据，该函数实际上仅从本机的 WinSock 缓冲区中读取数据。如果该函数执行成功，则返回实际从套接字 s 读入 buf 中的字节数；如果连接终止，则返回 0；如果出现接收错误，则返回 SOCKET_ERROR。该函数的原型如下：

```
int recv(SOCKET s, char * buf, int len, int flags);
```

该函数有 4 个参数，各个参数的含义如下：

- s：已建立连接的套接字标识符。
- buf：是接收数据的缓冲区，是该缓冲区地址的指针。
- len：是 buf 的长度，如 sizeof(buf)。
- flags：表示函数的调用方式，一般取值为 0。

9. closesocket()函数

网络通信完成后，程序退出前应使用 closesocket()函数关闭套接字以释放资源，此外，closesocket()还会发送数据报断开 TCP 通信的连接。该函数的原型如下：

```
int closesocket(SOCKET s);
```

该函数的参数 s 为一个要被关闭的套接字。如果执行成功则返回 0，否则返回 SOCKET_ERROR。

10. WSACleanup()函数

程序在完成对 WinSock 动态链接库的使用后，需要注销与 WinSock 动态链接库的绑定，以释放 WinSock 库所占用的系统资源。该函数的原型如下：

```
int WSACleanup(void);
```

该函数无参数。执行成功后将返回 0，否则返回 SOCKET_ERROR。程序中每一次对 WSAStartup()的调用都应该有一个对 WSACleanup()的调用与之对应。

2.1.4 套接字建立连接与 TCP 三次握手

服务器端在调用 listen()函数之后，内核会建立两个队列：SYN 队列和 ACCEPT 队列，其中 ACCPET 队列的长度由 backlog 值指定。

TCP 套接字建立连接的过程与 TCP 三次握手的关系如图 2-3 所示，步骤如下：

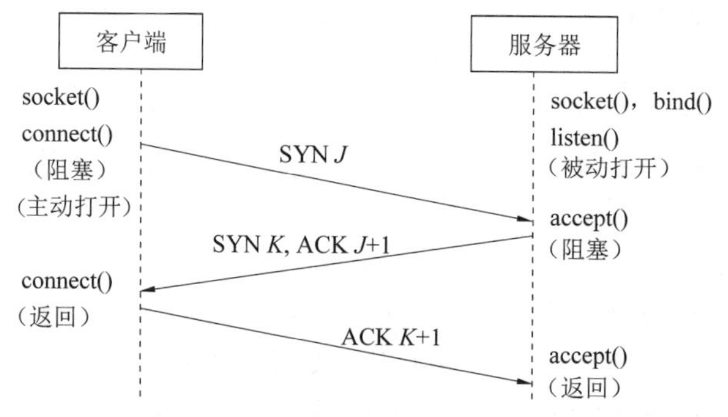

图 2-3　套接字建立连接的过程与 TCP 三次握手的关系

（1）服务器端在调用 accept()函数之后，进程将阻塞，等待 ACCEPT 队列中有元素。

（2）客户端在调用 connect()函数之后，将发起 SYN 请求，请求与服务器建立连接，这称为第一次握手。

（3）服务器端在接收了 SYN 请求之后，把请求方放入 SYN 队列中，并给客户端回复一个确认帧 ACK，此帧还会携带一个请求与客户端建立连接的请求标志，也就是 SYN，这称为第二次握手。

（4）客户端收到 SYN＋ACK 帧后，connect()函数将返回，并发送确认建立连接帧 ACK 给服务器端，这称为第三次握手。

（5）服务器端收到 ACK 帧后，会把请求方从 SYN 队列中移出，放至 ACCEPT 队列中，而 accept()函数也等到了自己的资源，从阻塞中唤醒，从 ACCEPT 队列中取出请求方，建立一个新的套接字，然后返回。

这就是 listen()、accept()、connect()函数的工作流程及原理。从这个过程可以看出，在 connect()函数中发生了两次握手。

2.2　最基本的 TCP 通信程序

根据图 2-1 的 TCP 通信程序的 WinSock()函数调用流程，下面编程实现一个控制台版本的 TCP 通信程序，程序分为服务器端和客户端，双方可以相互发送消息，运行效果如图 2-4 所示。其中，左图为服务器端，右图为客户端。

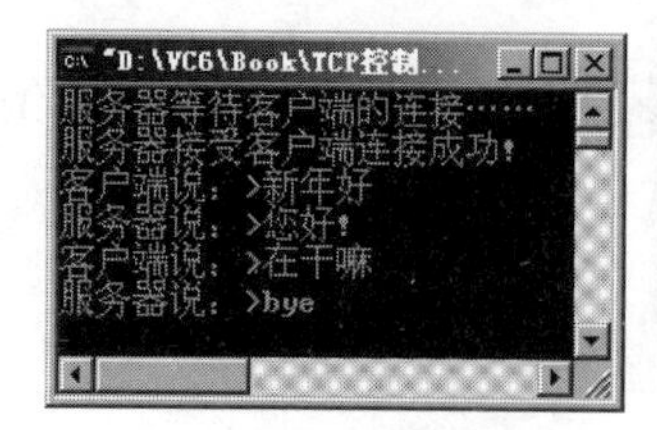

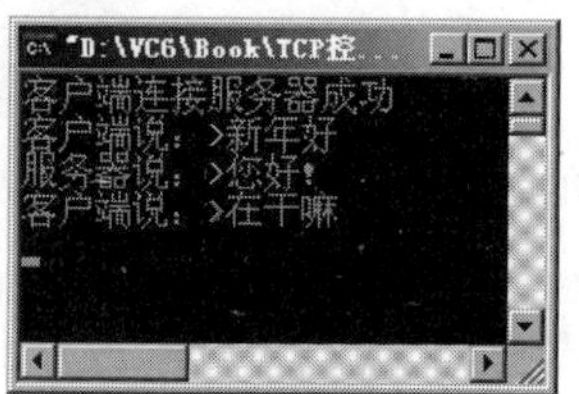

图 2-4　控制台版本的 TCP 通信程序

2.2.1 服务器端程序的编制

创建套接字与建立连接

服务器端程序的编制步骤如下：

(1) 在 Visual C++ 中新建工程。选择 Win32 Console Application，输入工程名(如 TCPServer)，单击“下一步”按钮，在 Win32 Application 对话框中选中“一个简单的 Win32 程序”单选按钮。

(2) 在工作空间左侧的 FileView 工作区中，双击 Source Files 下面的“工程名.cpp”源文件，输入如下代码：

发送与接收数据

```
#include "stdafx.h"
#include <iostream.h>
#include <winsock2.h>
#pragma comment(lib,"ws2_32.lib")
int main(){
    WSADATA wsaData;
    if(WSAStartup(MAKEWORD(2,2), &wsaData)) { //初始化 WinSock 协议簇
        cout<<"WinSock 不能被初始化!";
        WSACleanup();
        return 0;
    }
    SOCKET sockSer, sockConn;                        //注意服务器端必须创建两个套接字
    sockSer=socket(AF_INET,SOCK_STREAM,0);           //初始化套接字
    SOCKADDR_IN addrSer,addrCli;                     //注意服务器端要创建两个套接字地址
    addrSer.sin_family=AF_INET;
    addrSer.sin_port=htons(5566);
    addrSer.sin_addr.S_un.S_addr=inet_addr("127.0.0.1");
    bind(sockSer,(SOCKADDR*)&addrSer,sizeof(SOCKADDR));          //绑定套接字
    listen(sockSer,5);                               //监听
    int len=sizeof(SOCKADDR);
    cout<<"服务器等待客户端的连接……"<<endl;
    sockConn=accept(sockSer,(SOCKADDR*)&addrCli,&len);
                                                     //接受连接请求,注意返回值
    if(sockConn==INVALID_SOCKET){
        cout<<"服务器接受客户端连接请求失败!"<<endl;
        return 0;
    }
    else cout<<"服务器接受客户端连接请求成功!"<<endl;
    char sendbuf[256],recvbuf[256];
    while(1){
        if(recv(sockConn,recvbuf,256,0)>0)      //如果 recv 返回值大于 0 则输出消息
            cout<<"客户端说:>"<<recvbuf<<endl;
        else  {
```

```
                cout<<"客户端已断开连接"<<endl;
                break;
            }
            cout<<"服务器说：>";
            cin>>sendbuf;                            //将用户输入保存到 sendbuf 中
            if(strcmp(sendbuf,"bye")==0){break;   //输入 bye 则退出 while 循环
            send(sockConn,sendbuf,strlen(sendbuf)+1,0);     //发送消息
        }
        closesocket(sockSer);
        WSACleanup();
        return 0;
    }
```

编译并运行该程序，运行结果如图 2-4 所示。

说明：

(1) 在 bind()函数中要将 sockaddr_in 的地址强制转换成 sockaddr 的地址。sockaddr 是一种通用的套接字地址。而 sockaddr_in 是 Internet 环境下套接字的地址形式，可以分别设置 IP 地址和端口号。对于(SOCKADDR *)&addrSer，也可写成(LPSOCKADDR)&addrSer，因为 LPSOCKADDR 表示 sockaddr 的指针类型。

(2) sizeof(sockaddr)也可写成 sizeof(addrSer)，因为 sizeof 是操作符，既可以用变量类型作为操作数，也可以用变量作为操作数，用来求变量占据的内存空间大小。除此之外，还可以用函数作为操作数，如 sizeof(fun())，其结果是函数返回值数据类型的大小。

(3) 用 closesocket()关闭套接字将导致 TCP 连接断开，而断开 TCP 连接采用四次握手机制，也会向对方发送数据报(但这种数据报只有报头，内容为空)，这时会触发对方 recv()函数的执行。为此，可判断 recv()函数的返回值是否为 0，如果是 0，则表明是 closesocket()函数断开连接时发送的数据包，否则是 send()函数发送的数据包。

(4) closesocket()既能用来关闭监听套接字 closesocket(sockSer)，也能用来关闭通信套接字 closesocket(sockConn)。当通信套接字关闭后，监听套接字仍然能继续运行，反之则不然。

(5) WinSock 中的函数都是全局函数，也就是说这些函数不属于任何类，因此可在这些函数前加::，例如::bind()、::listen()、::accept()等。因为::运算符左边是类名，如果不属于任何类，则::左边为空。

提示：在 Visual C++ 中选中代码，再按 Alt+F8 键可自动实现代码缩进。

2.2.2 客户端程序的编制

新建工程，选择 Win32 Console Application，输入工程名(如 TCPClient)，单击“下一步”按钮，在 Win32 Application 对话框中选中“一个简单的 Win32 程序”单选按钮。在 FileView 工作区中，双击 Source Files 下面的“工程名.cpp”源文件，输入如下代码：

客户端程序的编制

```
#include <iostream.h>
#include <winsock2.h>
#pragma comment(lib,"ws2_32.lib")
int main(){
    WSADATA wsaData;
    if(WSAStartup(MAKEWORD(2,2), &wsaData))
    {
        cout<<"WinSock不能被初始化!";
        WSACleanup();
        return 0;
    }
    SOCKET sockCli;                    //创建套接字 sockCli
    sockCli=socket(AF_INET,SOCK_STREAM,0);
    SOCKADDR_IN addrSer;               //客户端只要创建一个套接字地址
    addrSer.sin_family=AF_INET;
    addrSer.sin_port=htons(5566);
    addrSer.sin_addr.S_un.S_addr=inet_addr("127.0.0.1");
    int res=connect(sockCli,(SOCKADDR*)&addrSer, sizeof(SOCKADDR));
    if(res){
        cout<<"客户端连接服务器失败"<<endl;
        return -1;
    }
    else{  cout<<"客户端连接服务器成功"<<endl;  }
    char sendbuf[256], recvbuf[256];
    while(1){
        cout<<"客户端说:>";
        cin>>sendbuf;
        if(strcmp(sendbuf,"bye")==0){  break;  }
        send(sockCli,sendbuf,strlen(sendbuf)+1,0);
        if(recv(sockCli,recvbuf,256,0)>0)
            cout<<"服务器说:>"<<recvbuf<<endl;
        else {
            cout<<"服务器已关闭连接"<<endl;
            break;
        }
    }
    closesocket(sockCli);
    WSACleanup();
    return 0;
}
```

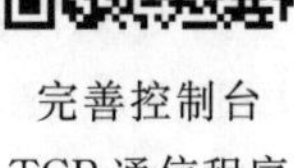

完善控制台TCP通信程序

最后,编译并运行以上代码。

该TCP通信程序的要点如下:

(1) inet_addr()函数的参数是一个字符串形式的IP地址,但也可设置为INADDR_

ANY,表示该套接字的 IP 地址由系统自动指定。htons()函数的参数是一个数值型的端口号,如果将该参数定义为 0,则系统将自动为套接字分配一个端口号。

(2) 注意 accept()函数的第一个参数是监听套接字,而返回值是与客户端建立连接的通信套接字。

(3) 在客户端和服务器端程序中,send()和 recv()函数的第 1 个参数的值总是通信套接字。send()的第 3 个参数是要发送的数据字节数,一般用 strlen(buf)+1 获得;而 recv()的第 3 个参数是接收缓冲区 buf 的长度,必须用 sizeof(buf)获得。

提示:无论是客户端还是服务器端,bind()函数绑定的地址永远都是本机地址,connect()函数中的地址则永远是远程地址。

2.2.3 WinSock 的错误处理

WinSock 函数在执行结束时都会返回一个值。如果函数执行成功,有执行结果的函数通常返回值就是执行结果(如 socket()函数返回一个 SOCKET 类型);而对于无执行结果的函数,执行成功时一般会返回 0(例如 connect()函数)。如果函数执行不成功,则绝大多数函数都会返回 SOCKET_ERROR,虽然通过该返回值可以知道函数调用不成功,但无法判断函数不能成功执行的原因。

为此,WinSock 提供了 WSAGetLastError()函数解决该问题。该函数可获取上一次某个 WinSock 函数调用时的错误代码。函数原型如下:

```
int WSAGetLastError(void);
```

该函数的返回值就是上一次调用 WinSock 函数出错时对应的错误码。

例如,当使用 bind()函数为套接字绑定地址时,如果 IP 地址和端口号已被占用,则该函数会返回错误码 10048;当使用 connect()函数连接服务器时,如果服务器没有响应(可能还没启动),则该函数会返回错误码 10061。

下面是使用 WSAGetLastError()函数的示例:

```
if(bind(sockSer,(SOCKADDR*)&addrSer,sizeof(SOCKADDR)))
    cout<<"绑定套接字出错,错误码为"<<WSAGetLastError()<<endl;
```

2.3 UNIX Socket 编程

目前,虽然 Windows 是最流行的 PC 操作系统,但大多数企业的服务器使用的是 UNIX 或 Linux 等开源的操作系统。因此很多 C/S 模式的网络软件,其服务器端为了便于部署到 UNIX 系统上,一般采用 BSD Socket 开发,而客户端则采用 WinSock 开发。

BSD Socket 和 WinSock 从总体上看是很相似的,开发者只要掌握了 WinSock,再了解一下两者的区别,就能快速地掌握 BSD Socket。BSD Socket 和 WinSock 的主要区别如下。

(1) BSD Socket 不需要初始化协议栈。

由于UNIX操作系统已经将BSD Socket的运行库集成到操作系统的内核中了，操作系统启动时就已经加载了Socket协议栈，所以在BSD Socket编程中，没有初始化协议栈和清空协议栈的步骤，也就不需要在程序中使用WSAStartup()和WSACleanup()这两个函数。

(2) BSD Socket中的某些套接字函数名与WinSock中的不同。

在BSD Socket中一般使用文件I/O函数read()和write()函数进行消息的收发。而在WinSock中，只能使用套接字I/O函数recv()和send()函数进行消息的收发。当然，BSD Socket中也可使用recv()和send()函数，只是不常用。

BSD Socket中关闭套接字的函数是close()，在WinSock中对应的函数是closesocket()。

(3) BSD Socket和WinSock的套接字的语法存在区别。

在BSD Socket中，socket()和accept()函数的返回值是一个整型数，如果执行出错则返回－1。在WinSock中，socket()和accept()函数的返回值是一个SOCKET类型，该类型用来保存整数型的套接字句柄值。

(4) 套接字引用的头文件不同。

在BSD Socket编程中，需要引用以下几个头文件：

```
#include <sys/types.h>          //基本系统数据类型
#include <sys/socket.h>         //socket 核心函数和数据结构
#include <netinet/in.h>         //AF_INET 地址家族和对应的协议家族
#include <arpa/inet.h>          //和 IP 地址相关的一些函数
```

习题

1. 在Visual C++中使用WinSock 2.2进行编程，需要引用的头文件是(　　)。
   A. winsock.h　　B. winsock2.h
   C. winsock22.h　　D. ws2_32.h
2. 关于MAKEWORD()，下列说法中正确的是(　　)。
   A. 它是一个函数
   B. 它是一个运算符
   C. 它是一个宏定义
   D. 其功能是将两个整型数合并成一个WORD型
3. 下列函数中(　　)只能用在客户端程序中。
   A. bind()　　B. connect()　　C. recv()　　D. listen()
4. 在WinSock中，TCP通信中bind()函数绑定的地址是(　　)。
   A. 本机地址
   B. 远程地址
   C. 服务器端绑定的是本机地址，客户端绑定的是远程地址
   D. 服务器端绑定的是远程地址，客户端绑定的是本机地址

5. bind()函数要求的地址类型是(　　)。

A. sockaddr_in　　B. sockaddr　　C. in_addr　　D. inet_addr

6. bind()函数第2个参数的正确写法是(　　)。

A. (SOCKADDR)&addrSer　　B. (SOCKADDR*)addrSer

C. (SOCKADDR*)&addrSer　　D. (SOCKADDR)addrSer

7. (　　)不是结构体数据类型。

A. WSADATA　　B. SOCKET　　C. sockaddr　　D. sockaddr_in

8. 如果客户端执行了closesocket()函数关闭套接字，服务器端再执行recv()函数，则recv()函数(　　)。

A. 返回1　　B. 返回0　　C. 返回−1　　D. 不会返回值

9. socket()、bind()、listen()、accept()、connect()、send()、WSAStartup()函数的参数个数分别为(　　)。

A. 3、3、2、3、3、4、2　　B. 3、2、2、3、4、4、2

C. 3、4、2、3、3、4、2　　D. 3、3、3、3、3、3、2

10. 要将TCP端口号由网络字节顺序转换为主机字节顺序，应使用(　　)函数。

A. htons()　　B. htonl()　　C. ntohl()　　D. ntohs()

11. listen()函数参数中的套接字和(　　)函数参数中的套接字是同一个套接字。(多选)

A. bind()　　B. recv()　　C. send()　　D. accept()

12. 如果要创建一个流式套接字，则代码为socket(AF_INET,________,0)。

13. 要获取套接字地址的长度，一般使用________运算符。

14. socket()函数的返回值和accept()函数的返回值是同一个套接字吗？

15. 在TCP通信中，为什么服务器端需建立两个套接字，而客户端只需要建立一个套接字？

16. 默写2.3节的程序，要求删除所有错误处理代码。

17. 在2.3节的程序中，服务器端只能接受一次客户端的连接请求。如果希望客户端关闭后又重新启动时仍然能连接上服务器，应该怎样修改程序？

18. 改写2.3节的程序，制作一个回声程序，即客户端发送一个消息给服务器端后，服务器端将自动发送相同的消息给客户端，并显示消息长度。例如：

```
客户端:>新年好!
服务器端:>收到消息"新年好",共7字节。
```

第 3 章　Win32 API 版本的 TCP 通信程序

对于 WinSock 编程的初学者来说，由于控制台程序不涉及 Windows 的界面及消息映射机制，因此初学者更容易理解 WinSock 编程的流程，但目前大多数应用程序都是 Windows 界面的，因此需要学习将控制台程序改造成 Windows 界面程序，而改造的关键是将 WinSock 编程的代码嵌入到 Windows 界面程序的合适位置中。

3.1　Windows 对话框程序

Windows 对话框程序基础

Windows 界面程序可分为两种：一种是对话框程序；另一种是窗口程序，窗口程序又可分为 SDI(Single Document Interface，单文档界面)和 MDI(Multiple Document Interface，多文档界面)。

对话框与窗口的区别在于：窗口的上方有菜单栏和工具栏，下方有状态栏，例如 Word 就是一个窗口程序；而对话框没有菜单栏和工具栏等，例如 QQ 的登录界面就是一个对话框。对话框其实是一种简单的窗体。对于简单的 Windows 界面程序，一般都采用对话框程序来制作(本书所有的 Windows 程序都是基于对话框的程序)。

3.1.1　新建对话框程序

在 Visual C++ 中，选择菜单"文件"→"新建"命令，将打开如图 3-1 所示的"新建"对话框。

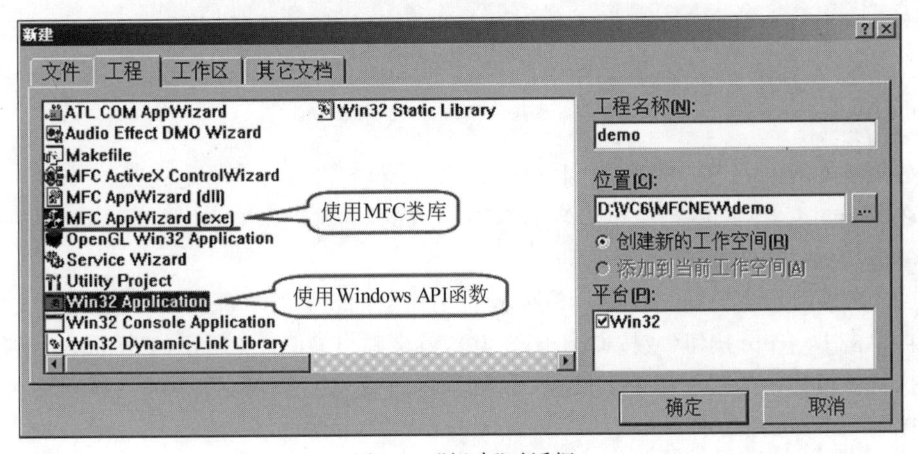

图 3-1　"新建"对话框

要新建 Windows 界面的应用程序，有以下两种方法：

(1) 选择 Win32 Application，这种方法是使用 Windows API 函数开发图形界面的应用程序，API 是应用程序接口(Application Programming Interface)的意思，Windows API 编程就是指调用 Windows 的接口函数编写程序。例如，MessageBox()就是一个 API 函数，或者称为接口函数。微软公司提供了上千个标准的 API 函数，这些函数定义在微软公司的 SDK(Software Development Kit，软件开发包)提供的头文件、库文件、工具中，因此 Windows API 编程也称为 Windows SDK 编程。

(2) 选择 MFC AppWizard(exe)，这是使用 MFC 类库开发图形界面的应用程序。为了降低 API 函数编写 Windows 应用程序的难度，微软公司开发了微软基础类库(Microsoft Foundation Class，MFC)。MFC 采用面向对象技术，将几乎所有的 SDK API 函数封装在不同的类之中，从而提供了一套专门用于开发 Windows 应用程序的开发框架。

一般来说，初学者学习 Windows 界面编程，应先学习 Windows API 编程，有了一定基础后再学习 MFC 编程，这样可以降低学习难度，且能更深入地理解 MFC 的实现原理，因此本章专门介绍 Windows API 编程。

MFC 在新建工程的“MFC 应用程序向导”对话框中提供了一个“基本对话框”选项，专门用来创建对话框程序，而 Win32 Application 在新建工程时没有提供新建对话框程序选项，需要手工修改“一个典型的 Hello World!程序”的代码，具体步骤如下：

(1) 新建工程，选择 Win32 Application，输入工程名(如 Dem)，单击“下一步”按钮，在图 3-2 所示的对话框中，选中“一个典型的 Hello World!程序”单选按钮，单击“完成”按钮。

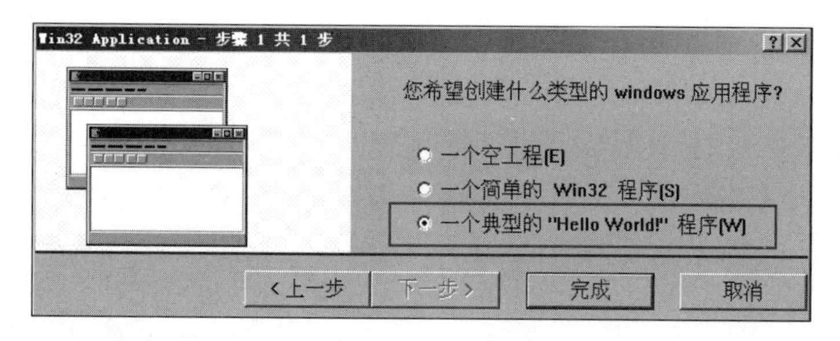

图 3-2　建立 Win32 Application

如果要在 Visual Studio 2010 中新建项目，则执行菜单命令“文件”→“新建”→“项目”，在 Visual C++ 中选择“Win32 项目”，在下方的“名称”文本框中输入项目名，在下一步中单击“完成”按钮即可。

(2) 直接运行该工程。在图 3-3 所示的工作空间窗口中，单击 Build 按钮(或按 F7 键)，再单击 Execute 按钮(或按 Ctrl+F5 键)，就会弹出如图 3-4 所示的 Windows 窗体程序。执行该窗体中的菜单命令 Help→About，将出现 About 对话框，可见该程序包含一个窗体和一个对话框。

在图 3-3 中，选择底部的 ResourceView 选项卡，可以查看该窗口程序对应的资源文

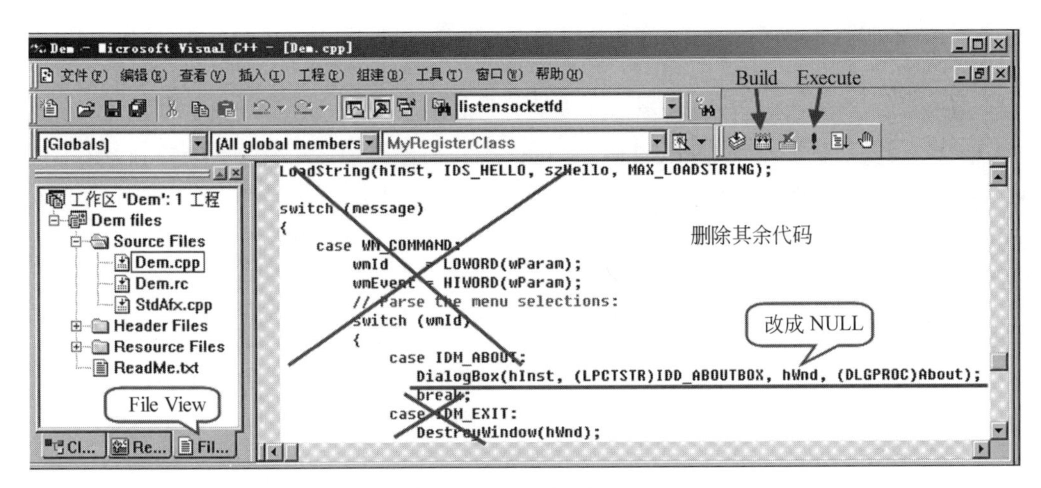

图 3-3 工作空间窗口

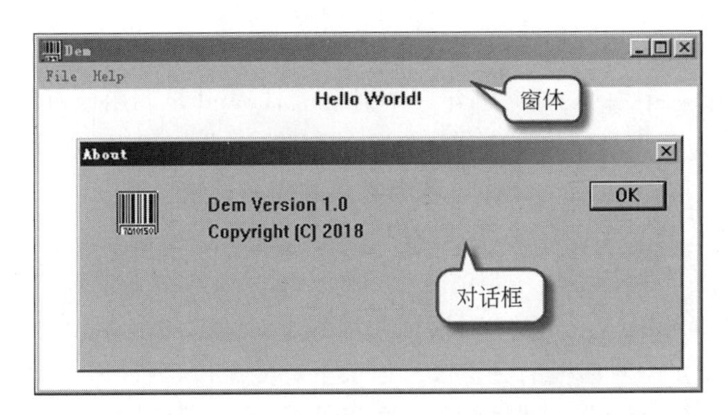

图 3-4 "Hello World!"程序运行效果

件,如图 3-5 所示。其中,IDD_ABOUTBOX 是图 3-4 中弹出的 About 对话框的 ID,双击它可对该对话框资源进行编辑。另外,由于该程序是一个窗口程序,所以具有菜单(Menu)资源。

在图 3-3 中,选择 ClassView 选项卡,可以查看该程序中的所有类,如图 3-6 所示。由于该程序中没有创建任何类(class),因此程序中的所有函数和变量都在 Globals 目录下,表示它们是全局函数或全局变量。可见,全局函数就是不属于任何类的函数。

图 3-5 ResourceView 选项卡

图 3-6 ClassView 选项卡

(3) 接下来要去掉图 3-4 的窗体界面,让程序直接弹出 About 对话框。方法是:在图 3-3中选择 FileView 选项卡,找到该工程的源文件(文件名格式为"工程名.cpp",如 Dem.cpp),将从 WinMain()函数的第 1 行(文件的第 25 行)开始到 DialogBox()函数的上一行(147 行)的代码全部删除,再将从 DialogBox()函数的下一行(149 行)到 return 0;的上一行之间的代码也全部删除,也就是只保留 WinMain()函数中 DialogBox 行(148 行)和 return 0;行,再将 DialogBox()函数中第 3 个参数由 hWnd 改为 NULL。此时 WinMain()函数的代码如下:

```
int APIENTRY WinMain(…){
    DialogBox(hInst, (LPCTSTR)IDD_ABOUTBOX, NULL, (DLGPROC)About);
    return 0;
}
```

其中:

- WinMain()函数是 Windows 应用程序的入口函数,相当于控制台程序中的 main()函数。
- DialogBox()函数的功能是创建一个对话框,hWnd 是调用该对话框的窗口句柄变量名。由于窗口对应的所有代码已经被删除,因此将调用该对话框的窗口句柄改成 NULL,这样,在启动程序时就会直接加载对话框。

DialogBox()函数有 4 个参数,含义如下:

- hInst:设置本对话框属于当前进程,因为 HINSTANCE 是窗口进程的句柄。
- IDD_ABOUTBOX:设置本对话框使用哪个对话框的资源。
- NULL:指定本对话框的父窗口。如果没有父窗口,则设为 NULL。
- About:指定本对话框的消息处理函数,用来处理对话框初始化及按钮等产生的消息。

提示:句柄(handle)是 Windows 编程中的重要概念。句柄是 Windows 中各个对象的一个唯一的、固定不变的 ID;其作用是,Windows 使用句柄来标识应用程序中的不同对象或同类中的不同实例,如窗口、按钮、图标、滚动条、输出设备、控件或者文件等。在逻辑上,句柄相当于 Windows 对象指针的指针。Windows 通过对象的地址来访问对象,但 Windows 采用虚拟内存机制,对象的地址是经常发生变化的,为此,需要使用一个内存区域来记录对象的地址,这块内存区域的地址在程序的运行中是不会变化的,而句柄的值就是这块内存区域的地址,因此,句柄相当于 Windows 对象指针的指针。

(4) 在对话框中添加控件,修改后的对话框界面如图 3-7 所示。修改方法如下:

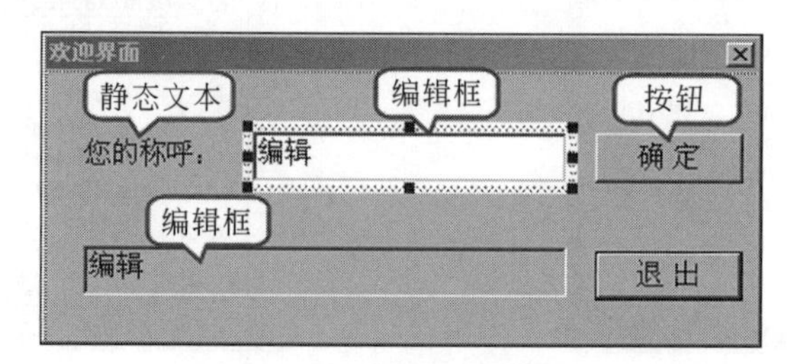

图 3-7 对话框的界面

① 单击图3-8所示的控件工具箱中的选择控件工具，按住Shift键，依次选中图3-4所示的About对话框左侧的图片框控件和两个静态文本控件，按Delete键将其删除。

② 在图3-8所示的控件工具箱中选择相应的控件，向对话框中添加一个静态文本控件、两个编辑框控件和一个按钮控件。

③ 在图3-9所示的控件属性面板中设置控件的属性。方法是：右击控件，在快捷菜单中选择"属性"命令（或按Alt＋Enter键），将弹出如图3-9所示的控件属性面板，将各控件的ID设置如图3-10所示。再设置静态文本控件、两个按钮控件和对话框的标题，如图3-7所示，并在控件属性面板中将图3-7下部的编辑框的"样式"选项设置为"只读"。

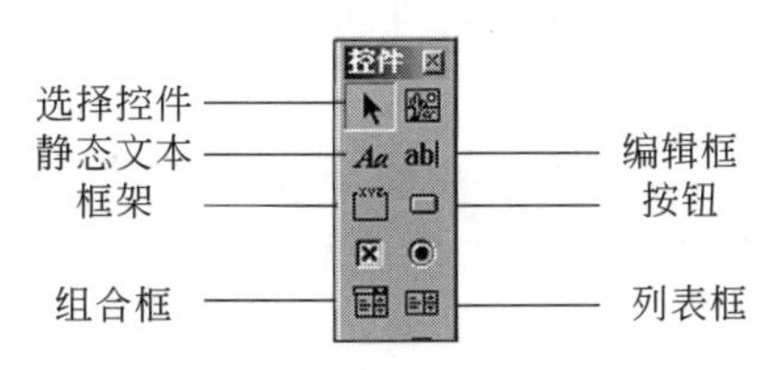

图3-8 控件工具箱

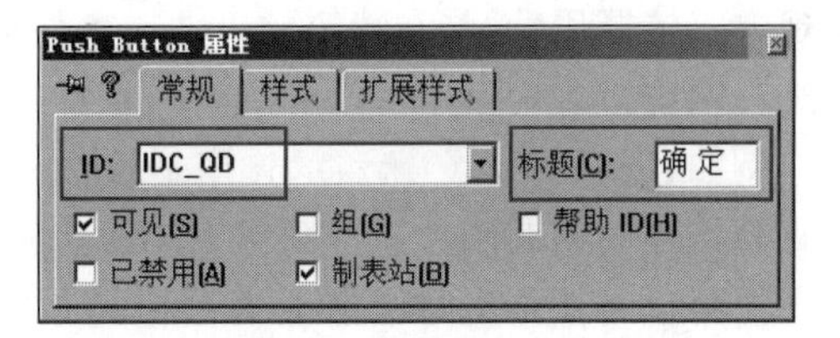

图3-9 控件属性面板

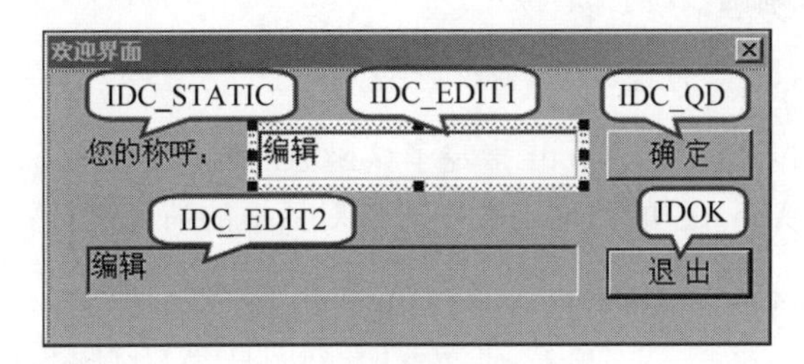

图3-10 对话框各控件的ID值

提示：

(1) 在控件属性面板中，ID是程序访问控件的依据。例如，GetDlgItem(hDlg, IDC_EDIT2)能让程序获取IDC_EDIT2这个编辑框，因此，除静态文本控件外，其他控件的ID都不能重复。标题属性用来设置控件上显示的内容，因此，静态文本控件和按钮控件通常必须设置标题属性。编辑框等可供用户输入内容的控件是没有标题属性的。

(2) 如果图3-8所示的控件工具箱不见了，可在Visual C++主界面的工具栏的空白处右击，在快捷菜单中选择"控件"命令，就能显示控件工具箱。

(3) 单击图3-9所示的控件属性面板左上角的图钉按钮，可以让控件属性面板总是保持显示。

3.1.2 处理Windows消息

Windows程序通过系统发送的消息来响应用户的输入。例如，程序运行时用户单击按钮、单击鼠标、移动鼠标等动作都称为事件，应用程序的初始化也是一个事件，每个事件都会产生一个对应的消息。应用程序通过接收消息、分发消息、处理消息来和用户进行交互。

Windows 消息可分为标准 Windows 消息、控件通知和命令消息等类型。其中，命令消息是指用户单击按钮、菜单项、工具栏按钮产生的消息，其名称为 WM_COMMAND。除 WM_COMMAND 外，所有以 WM_为前缀的消息都是标准 Windows 消息，例如，WM_INITDIALOG表示对话框及其所有子控件都创建完毕（完成初始化）。另外，用户还能自定义 Windows 消息，如 WM_SOCKET。实际上，每个 Windows 消息都对应一个常量值。

在 Win32 Application 中，对消息处理的代码都要写在回调（callback）函数中，所谓回调函数，是指一个通过函数指针调用的函数。与普通函数不同，回调函数不是由该函数的实现方直接调用，而是在特定的事件或条件触发时由其他的函数调用，用于对该事件或条件进行响应。

例如，DialogBox()函数的作用是从一个对话框资源中创建一个模态对话框。该函数一直到指定的回调函数通过调用 EndDialog()函数中止模态对话框才能返回控制，当对话框初始化时或单击对话框上的按钮时，都会产生一个 Windows 消息，在消息发生时，DialogBox()函数就会调用指定的回调函数对消息进行处理。DialogBox()函数的第 4 个参数用来指定它的回调函数，例如：

```
DialogBox(hInst, (LPCTSTR)IDD_ABOUTBOX, NULL, (DLGPROC)About);
```

其中，第 4 个参数(DLGPROC)About 指定了该函数的回调函数是 About()。

因此，可在名为 About()的回调函数中对该对话框的消息进行处理，示例代码如下：

```
LRESULT CALLBACK About(HWND hDlg, UINT message, WPARAM wParam, LPARAM lParam){
                                    //4 个参数：窗口句柄、消息名、消息参数 1、消息参数 2
    switch(message) {               //处理感兴趣的消息
        case WM_INITDIALOG:         //处理对话框初始化消息
            return TRUE;
        case WM_COMMAND:            //处理按钮消息
            if(LOWORD(wParam)==IDOK || LOWORD(wParam)==IDCANCEL) {
                EndDialog(hDlg, LOWORD(wParam));    //关闭对话框
                return TRUE;
            }
            break;
    }
    return FALSE;
}
```

可见，一个消息由一个消息名称（UINT）和两个参数（WPARAM、LPARAM）组成。

当用户单击某个按钮时就会产生一个 WM_COMMAND 的通知消息，这条消息的参数值 wParam 的低位字节中含有该控件的 ID。因此通过 LOWORD(wParam)的值就能判断用户单击的是哪个按钮。参数值 wParam 的高位字节为通知代码，参数值 lParam 则是指向控件的句柄。

因此，要处理用户单击“确定”按钮（IDC_QD）产生的通知消息，只要对 case

WM_COMMAND中的代码作如下扩充即可：

```
case WM_COMMAND:
    if(LOWORD(wParam)==IDOK) {                    //处理单击"退出"按钮的消息
        EndDialog(hDlg, LOWORD(wParam));          //关闭对话框
    }
    if(LOWORD(wParam)==IDC_QD) {                  //处理单击"确定"按钮的消息
        …
    }
```

提示：回调函数的返回值类型用 LRESULT CALLBACK 定义。LRESULT 是一个数据类型。其中，L 表示 long(长整型)；RESULT 表示结果，说明这个函数的返回值是某个结果。CALLBACK 是一个空宏，只是为了表示这是一个回调函数。

3.1.3 获取和设置控件的内容

图 3-11 所示程序的功能是：用户在编辑框 1 中输入内容，例如“糖儿飞”，单击“确定”按钮，编辑框 2 中就会显示“欢迎您：糖儿飞”。因此，单击“确定”按钮的程序流程如下：

(1) 获取用户在编辑框 1 中输入的文本内容。

(2) 将该文本内容进行修改后显示到编辑框 2 中。

图 3-11 获取和设置控件内容实例

由此可见，程序的关键是获取和设置编辑框的内容。Windows API 提供了如下两个函数：

(1) GetDlgItemText()，用于获取编辑框中的文本内容。例如：

```
GetDlgItemText(hDlg,IDC_EDIT1,user,50);
```

表示获取对话框 hDlg 中的编辑框 IDC_EDIT1 中的文本内容，并将该文本内容保存到变量 user 中，最多获取 50 个字符。

(2) SetDlgItemText()，用于设置编辑框中的内容。例如：

```
SetDlgItemText(hDlg,IDC_EDIT2,wel);
```

表示将对话框 hDlg 中的编辑框 IDC_EDIT2 中的文本内容设置为字符数组变量 wel 的值。

3.1.2 节中处理单击“确定”按钮消息的代码如下：

```
char user[50];                                //声明字符数组变量,用于保存编辑框中的内容
char wel[60]="欢迎您:";
if(LOWORD(wParam)==IDC_QD) {                  //处理单击"确定"按钮的消息
    GetDlgItemText(hDlg,IDC_EDIT1,user,50);   //获取 IDC_EDIT1 中的内容
    strcat(wel,user);                         //连接两个字符串,连接后的值保存在 wel 中
    SetDlgItemText(hDlg,IDC_EDIT2,wel);       //设置 IDC_EDIT2 中的内容
}
```

3.2 Windows API 程序实例

3.2.1 计算器程序

图 3-12 是一个计算器程序界面。下面介绍其制作方法。

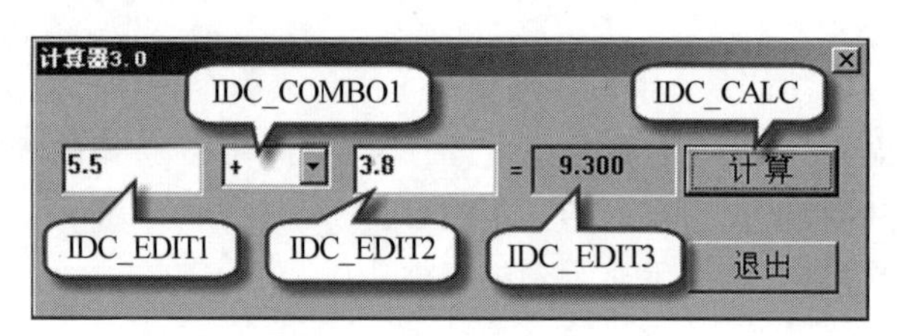

图 3-12 计算器程序界面

首先按照 3.1.1 节新建对话框程序的方法新建一个工程,然后绘制对话框界面。该对话框有三个编辑框、一个组合框和两个按钮。各个控件的 ID 如图 3-12 所示。

在绘制组合框时,应注意先单击组合框右侧的下三角箭头,此时虚线框会增大,如图 3-13 所示,表示下拉列表的显示范围。将下方的控制点往下拖动,可保证下拉列表能完全显示出来。

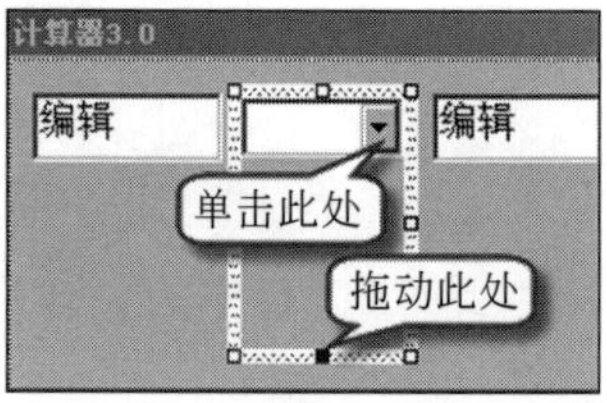

图 3-13 调整组合框的下拉列表显示范围

1. 实现仅有加法功能的计算器

计算器程序的编程步骤是:当单击"计算"按钮时,先获取 IDC_EDIT1 和 IDC_EDIT2 的内容,分别保存到两个变量中,然后对两个变量值进行相加运算,最后把 IDC_EDIT3 的值设置为计算结果。代码如下:

```
if(LOWORD(wParam)==IDC_CALC) {                                //如果单击了"计算"按钮
    int nLeft=GetDlgItemInt(hDlg,IDC_LEFT,NULL,TRUE);         //获取 IDC_EDIT1 的值
    int nRight=GetDlgItemInt(hDlg,IDC_RIGHT,NULL,TRUE);       //获取 IDC_EDIT2 的值
    SetDlgItemInt(hDlg,IDC_RESULT,nLeft+nRight,TRUE);         //设置 IDC_EDIT3 的值
}
```

本例中,获取和设置控件的内容时使用了两个新的 Win32 API 函数:GetDlgItemInt()

和 SetDlgItemInt()，它们能将获取的值自动转换为整型。

2. 扩充计算器的功能

为了实现具有加减乘除功能的计算器，可以在对话框中添加一个组合框 IDC_COMBO1，在对话框初始化时对 IDC_COMBO1 进行初始化，也就是将 4 个运算符号添加到它的列表项中，为组合框添加列表项的方法如下：

```
SendMessage(GetDlgItem(hDlg, IDC_COMBO1), CB_ADDSTRING, 0, (LPARAM)fh[i]);
```

其中，第 1 个参数表示获取 hDlg 中的 IDC_COMBO1 控件，第 2 个参数表示为组合框添加列表项，第 4 个参数是要添加的内容。

当用户单击"计算"按钮时，必须获取用户在组合框中选择的符号，获取组合框的选中项的方法如下：

```
int cursel=SendDlgItemMessage(hDlg,IDC_COMBO1,CB_GETCURSEL,0,0);
```

其中，第 3 个参数 CB_GETCURSEL 表示获取组合框的选中项，CB_表示 ComboBox。

下面是具有加减乘除功能和小数计算功能的计算器的完整代码。

```
#include "stdafx.h"
#include "resource.h"
#include <stdio.h>                              //sprintf()函数需要这个头文件
HINSTANCE hInst;
LRESULT CALLBACKAbout(HWND, UINT, WPARAM, LPARAM);
int APIENTRY WinMain(HINSTANCE hInstance, HINSTANCE hPrevInstance,LPSTR
        lpCmdLine, int nCmdShow){
    DialogBox(hInst, (LPCTSTR)IDD_ABOUTBOX, NULL, (DLGPROC)About);
    return 0;
}
bool isnum(char * str1) {                       //函数功能：判断输入的是否为数字
    int i,flag=1;
    for(i=0;i<strlen(str1);i++)  {
        if((str1[i]<'0' || str1[i]>'9')&&str1[i]!='.'&&str1[i]!='.')
                                                //如果 str1 中有非数字
        {  flag=0;    return FALSE;  }
    }
    return TRUE;                                //否则返回 TRUE
}
LRESULT CALLBACK About(HWND hDlg, UINT message, WPARAM wParam, LPARAM lParam){
    char * fh[4]={"+","-","*","/"};            //声明字符串数组
    int i;
    switch(message) {                           //选择处理感兴趣的消息
    case WM_INITDIALOG:                         //对话框初始化消息
        for(i=0; i<4; i++) {                    //向组合框中添加运算符
    SendMessage(GetDlgItem(hDlg, IDC_COMBO1), CB_ADDSTRING, 0, (LPARAM)fh[i]);
```

```
        }
        return TRUE;
    case WM_COMMAND:
        if(LOWORD(wParam)==IDOK) {                //单击了"退出"按钮
            EndDialog(hDlg, LOWORD(wParam));
        }
        if(LOWORD(wParam)==IDC_CALC)              //单击了"计算"按钮
        {
            TCHAR str1[256],str2[256];
            GetDlgItemText(hDlg,IDC_EDIT1,str1,sizeof(str1));
                                                  //得到输入的字符串
            GetDlgItemText(hDlg,IDC_EDIT2,str2,sizeof(str2));
            if(isnum(str1) && isnum(str2)) {      //如果获得的字符串是数值
                double i1=atof(str1);             //将字符串转换成浮点数
                double i2=atof(str2);
                double i3;                        //用于保存运算结果
                                                  //获取组合框当前选中项
                int cursel=SendDlgItemMessage(hDlg,IDC_COMBO1,CB_GETCURSEL,0,0);
                switch(cursel) {
                    case 3: i3=i1+i2;  break;     //选中项是+号
                    case 2: i3=i1/i2;  break;
                    case 1: i3=i1*i2;  break;
                    case 0: i3=i1-i2;  break;
                }
                TCHAR str3[256];
                sprintf(str3,"%8.3lf",i3);        //将浮点数 i3 转换为字符串
                SetDlgItemText(hDlg,IDC_EDIT3,str3);     //设置 IDC_EDIT3 的内容
            }
            else MessageBox(hDlg,"请输入数字","输入非法",MB_OK);
        }
        break;
    }
    return FALSE;
}
```

提示:在程序中,sprintf()函数常用于将数值型数据转换为字符串,也可用于多个字符串的连接,例如:

```
sprintf(sbuff,"%s:%d 说: %s", strip,strport,buff);
```

而 strcat()函数只能用于两个字符串的连接,例如:

```
strcat(strip,buff);
```

3.2.2 获取主机名、IP地址和时间的程序

在WinSock中,用gethostname()函数可获取本机的主机名,而用gethostbyname()函数可以通过主机名获取本机的IP地址。将获取的主机名、IP地址和时间显示在静态文本框中,就能制作出如图3-14所示的程序。

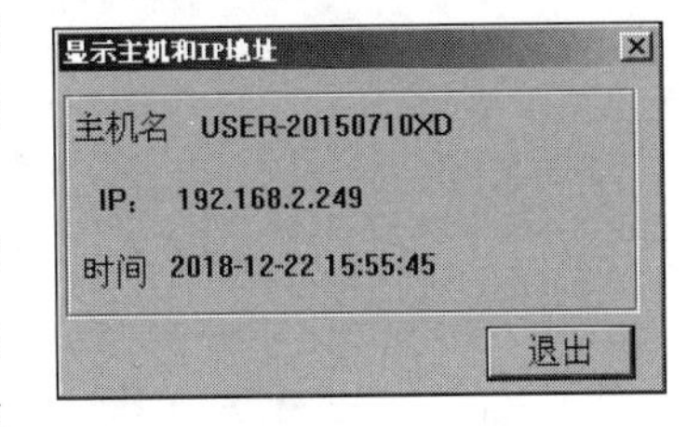

图3-14 程序界面

具体步骤是:首先按照3.1.1节“新建”对话框程序的方法新建一个Win32 Application工程;然后绘制如图3-14所示的对话框界面,添加6个静态文本控件,左侧3个控件的标题分别为“主机名”、IP和“时间”,右侧3个控件的ID值从上到下依次是IDC_HOST、IDC_SHOWIP和IDC_TIME,最后编写如下代码:

```
#include "stdafx.h"
#include "resource.h"
#include "winsock2.h"
#include "iostream.h"
#include "time.h"                          //时间函数需要的头文件
#include "stdio.h"
#pragma comment(lib,"ws2_32.lib")
HINSTANCE hInst;
LRESULT CALLBACK About(HWND, UINT, WPARAM, LPARAM);
int APIENTRY WinMain(HINSTANCE hInstance, HINSTANCE hPrevInstance,
        LPSTR lpCmdLine, int nCmdShow){
    WSADATA wsaData;
    WSAStartup(MAKEWORD(2,2), &wsaData);     //初始化协议栈
    DialogBox(hInst, (LPCTSTR)IDD_ABOUTBOX, NULL, (DLGPROC)About);
    return 0;
}
LRESULT CALLBACK About(HWND hDlg, UINT message, WPARAM wParam, LPARAM lParam){
    char hostname[100];
    hostent *hst=NULL;
    in_addr inaddr;
    char *pp=NULL;
    time_t tt=time(NULL);                  //返回的只是一个时间戳
    tm* t=localtime(&tt);                  //返回当地格式的时间,保存在变量t中
    char szTime[20];
    switch(message) {
        case WM_INITDIALOG:
            gethostname(hostname,sizeof(hostname));
                                           //获取主机名,保存在变量hostname中
```

```
            hst=gethostbyname(hostname);
                                            //获取 IP 地址,保存在变量 hst 中
            memcpy((char *)(&inaddr),hst->h_addr_list[0],hst->h_length);
            pp=inet_ntoa(inaddr);           //将 IP 地址格式转换为主机字节顺序
            sprintf(szTime,"%d-%02d-%02d %02d:%02d:%02d", t->tm_year+1900,
            t->tm_mon+1,t->tm_mday, t->tm_hour, t->tm_min, t->tm_sec);
                                            //设置时间格式
            SetDlgItemText(hDlg,IDC_HOST,hostname);         //显示主机名
            SetDlgItemText(hDlg,IDC_SHOWIP,pp);             //显示 IP 地址
            SetDlgItemText(hDlg,IDC_TIME,szTime);           //显示时间
            return TRUE;
        case WM_COMMAND:
            if(LOWORD(wParam)==IDOK)    {                   //"退出"按钮
                EndDialog(hDlg, LOWORD(wParam));            //关闭对话框
                return TRUE;
            }
        break;
    }
    return FALSE;
}
```

总结：要获取本机 IP 地址，需要 4 步。第一步是使用 gethostname()函数获取本机的名称。第二步是使用 gethostbyname()函数，并将本机名称作为参数。该函数的返回值是一个 hostent 结构体的指针，IP 地址存放在该结构体中的数组 h_addr_list 的第 0 个数组元素中，因此第三步是使用 memcpy()函数将数组 h_addr_list 的第 0 个数组元素取出并复制到 inaddr 变量中。第四步是使用 inet_ntoa()函数将 IP 地址由 in_addr(无符号长整型)转换成点分十进制的表示形式。

3.3 Win32 API 版本的 TCP 通信程序实例

在 2.2 节中，已经实现了一个能互相发送消息的 TCP 通信程序，但由于它是控制台程序，不仅界面不够友好，还存在客户端和服务器端每次只能发送一条消息给对方的不足。本节将控制台程序转换成 Windows 对话框程序。读者主要掌握控制台程序转换成 Windows 对话框程序的方法。该程序服务器端和客户端的运行界面如图 3-15 所示，其中，左图为服务器端，右图为客户端。

3.3.1 将控制台程序改造成 Windows 程序的方法

在图 3-15 的服务器端程序中，主要涉及如下 4 个 Windows 消息：

(1) 窗口初始化消息(WM_INITDIALOG)。

(2) “接收数据”按钮消息(WM_COMMAND 中的 IDC_RECV)。

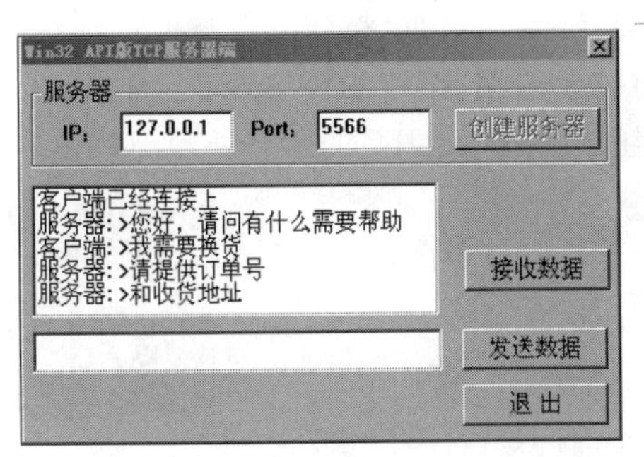

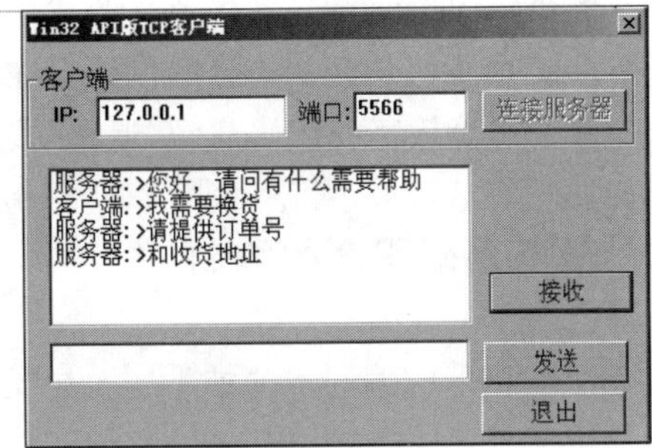

图 3-15 Win32 API 版本的 TCP 通信程序

(3) “发送数据”按钮消息(WM_COMMAND 中的 IDC_SEND)。

(4) “退出”按钮消息(WM_COMMAND 中的 IDC_QUIT)。

如果要转换成 Windows 程序，控制台版本的 TCP 通信程序中各个函数对应的语句应分别放到上述 4 个消息的处理函数中，如图 3-16 所示。

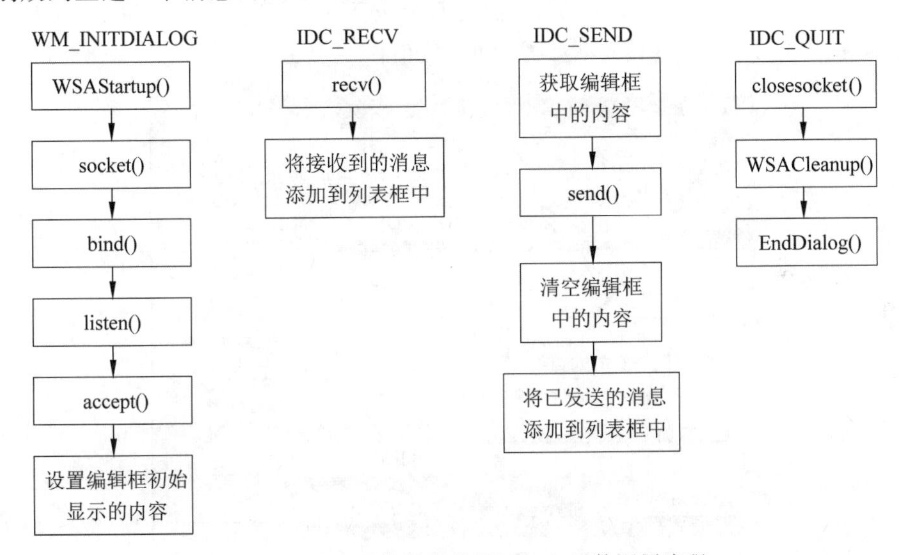

图 3-16 TCP 通信程序的 WinSock 函数调用流程

另外，控制台程序中只有一个 main()函数，而改造成 Windows 对话框程序后，存在多个函数，这些函数都需要使用 Socket 及 SOCKADDR_IN 等套接字和地址变量，因此应该将套接字和套接字地址的声明写在所有函数之外，使它们成为全局变量，这样，在每次回调函数改变全局变量的值后，值都会保留。

一般来说，编写 WinSock 对话框程序的方法如下：

(1) 将公共变量的声明(包括套接字和套接字地址声明)写在所有函数之外，使这些变量成为全局变量。

(2) 将初始化 WinSock 协议栈的代码写到 WM_INITDIALOG 初始化事件中。

(3) 将创建套接字以及监听、接受连接请求的代码写到“创建服务器”按钮的消息处理函数中。

(4) 将获取用户消息并发送消息的代码写在“发送数据”按钮的消息处理函数中。

(5) 将接收消息并显示消息的代码写在“接收数据”按钮的消息处理函数中。

(6) 将关闭套接字的代码写到“退出”按钮或 WM_QUIT 的消息处理函数中。

3.3.2 服务器端程序的编制

Win32 API 服务器端程序

服务器端程序的编制步骤如下:

(1) 新建工程,选择 Win32 Application,输入工程名(如 WinApi_Server),然后选择“一个典型的 Hello World!程序”。

(2) 在工作空间窗口左侧选择 FileView 选项卡,找到对应的源文件(如 WinApi_Server. cpp),将 WinMain()函数中 DialogBox()函数行(148 行)和 return 0;行保留,将其他代码全部删除,再将 DialogBox()函数中的第 3 个参数 HWnd 改为 NULL。

(3) 切换到 ResourceView 选项卡,找到 Dialog 下的 IDD_ABOUTBOX,将对话框的界面改为如图 3-17 所示,并设置各个控件的 ID 值。

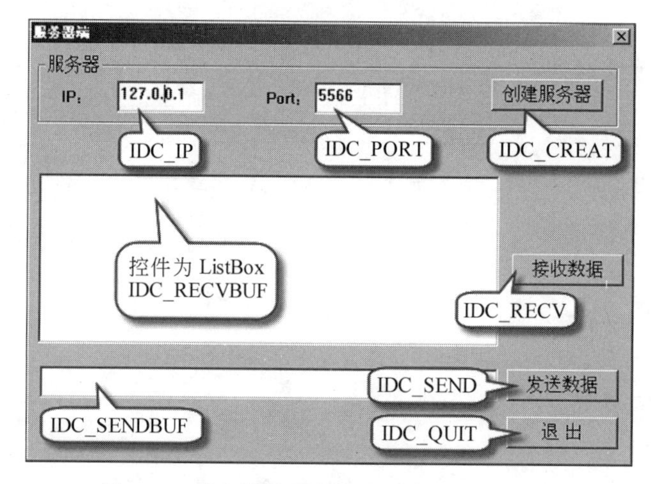

图 3-17　服务器端程序界面设计和控件 ID 值

提示:对于 ListBox(列表框)控件,在其属性面板“样式”选项卡中,应取消勾选“分类”复选框,可保证添加的消息从上到下按顺序显示。

(4) 打开 WinApi_Server. cpp 文件,编写如下代码:

```
#include "stdafx.h"
#include "resource.h"
#include <WINSOCK2.h>
#pragma comment(lib,"ws2_32.lib")
HINSTANCE hInst;
LRESULT CALLBACK About(HWND, UINT, WPARAM, LPARAM);
SOCKET sockSer,sockConn;                //创建套接字必须写在所有函数之外
SOCKADDR_IN addrSer, addrCli;
```

```
int iIndex=0;
int len=sizeof(SOCKADDR);
char sendbuf[256],recvbuf[256];
char clibuf[999]="客户端：>",serbuf[999]="服务器：>";
int APIENTRY WinMain(HINSTANCE hInstance, HINSTANCE hPrevInstance,
LPSTR lpCmdLine, int nCmdShow){
    DialogBox(hInst, (LPCTSTR)IDD_ABOUTBOX, NULL, (DLGPROC)About);
    return 0;
}
LRESULT CALLBACK About(HWND hDlg, UINT message, WPARAM wParam,
LPARAM lParam){
    char ip[16],port[5];
    switch(message) {
        case WM_INITDIALOG:                          //对话框初始化
            SetDlgItemText(hDlg,IDC_IP,"127.0.0.1");  //设置 IP 文本框的内容
            SetDlgItemText(hDlg,IDC_PORT,"5566");     //设置 Port 文本框的内容
            WSADATA wsaData;
            if(WSAStartup(MAKEWORD(2,2), &wsaData)) {
                MessageBox(hDlg,"Winsock 加载失败","警告",0);
                WSACleanup();
                return -1;
            }
            sockSer=socket(AF_INET,SOCK_STREAM,0);
            return TRUE;
        case WM_COMMAND:{
            switch(LOWORD(wParam))
            {
        case IDC_QUIT:                               //单击了"退出"按钮
                    EndDialog(hDlg, LOWORD(wParam));
                    closesocket(sockSer);             //关闭套接字
                    WSACleanup();                     //卸载 WinSock 协议栈
                    return TRUE;
                case IDC_CREATE:                      //单击了"创建服务器"按钮
                    GetDlgItemText(hDlg,IDC_IP,ip,16); //获取编辑框中的 IP 值
                    GetDlgItemText(hDlg,IDC_PORT,port,5);
                    EnableWindow(GetDlgItem(hDlg,IDC_CREATE),FALSE);
                                                      //禁用按钮
                    addrSer.sin_family=AF_INET;
                    addrSer.sin_port=htons(atoi(port));
                    addrSer.sin_addr.S_un.S_addr=inet_addr(ip);
                    bind(sockSer,(SOCKADDR*)&addrSer,len);
                                                      //绑定套接字
                    listen(sockSer,5);                //监听
                    sockConn=accept(sockSer,(SOCKADDR*)&addrCli,&len);
                                                      //接受连接请求
                    if(sockConn!=INVALID_SOCKET)
```

```
                SendDlgItemMessage(hDlg,IDC_RECVBUF,LB_ADDSTRING,0,
                (LPARAM)"客户端已经连接上");
                break;
            case IDC_SEND:                              //单击了"发送数据"按钮
                GetDlgItemText(hDlg,IDC_SENDBUF,sendbuf,256);
                send(sockConn,sendbuf,strlen(sendbuf)+1,0);     //发送消息
                SetDlgItemText(hDlg,IDC_SENDBUF,"");            //清空编辑框
                strcat(serbuf,sendbuf);
                //将已发送的消息添加到列表框中
                SendDlgItemMessage(hDlg,IDC_RECVBUF,LB_ADDSTRING,0,
                (LPARAM)serbuf);
                strcpy(serbuf, "服务器: >");
                break;
            case IDC_RECV:                              //单击了"接收数据"按钮
                recv(sockConn,recvbuf,256,0);
                strcat(clibuf,recvbuf);
                //将接收的消息添加到列表框中
                SendDlgItemMessage(hDlg,IDC_RECVBUF,LB_ADDSTRING,0,
                (LPARAM)clibuf);
                strcpy(clibuf, "客户端: >");
                break;
        }
    }
  }
  return FALSE;
}
```

提示：向列表框中添加内容时需要使用的函数如下：

```
SendDlgItemMessage(hDlg,IDC_RECVBUF,LB_ADDSTRING,0,(LPARAM)clibuf);
```

其中，第1个参数是对话框的句柄，第2个参数是列表框的ID，第3个参数是控件消息名(其中LB_表示列表框，ADDSTRING表示添加字符串)，第5个参数是要添加的内容。

列表框的另一个常用的控件消息是LB_SETTOPINDEX。它的作用是：当列表框中的内容很多，显示不下时，该消息能让列表框自动滚动，使当前项能显示出来。

3.3.3 客户端程序的编制

Win32 API客户端程序

客户端程序的编制步骤如下：

(1) 新建工程，选择Win32 Application，输入工程名(如Win_client)，然后选择“一个典型的Hello World!程序”。

(2) 在工作空间窗口左侧选择FileView选项卡，找到对应的源文件(如Win_client.cpp)，将WinMain()函数中DialogBox()函数行和return 0;行保留，将其他代码全部删除，再将DialogBox()函数中的第3个参数HWnd改为NULL。

(3) 切换到 ResourceView 选项卡,找到 Dialog 下的 IDD_ABOUTBOX,将对话框的界面改为如图 3-18 所示,并设置各个控件的 ID 值。

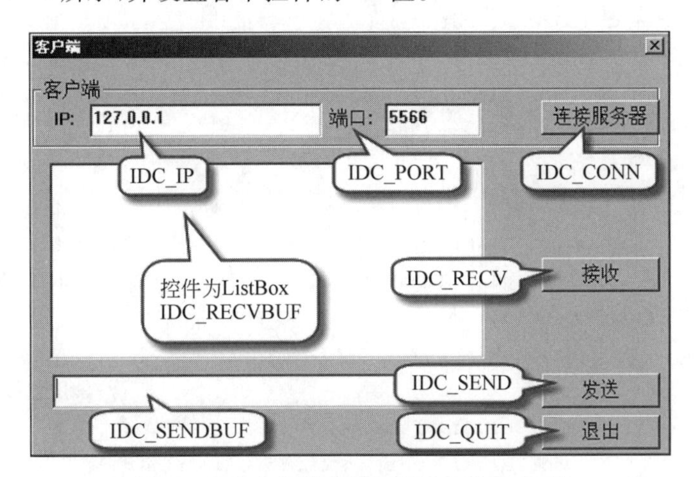

图 3-18 客户端程序界面设计和控件 ID 值

(4) 打开 Win_client.cpp 文件,编写如下代码:

```
#include "stdafx.h"
#include "resource.h"
#include <WINSOCK2.h>
#pragma comment(lib,"ws2_32.lib")
HINSTANCE hInst;
LRESULT CALLBACK About(HWND, UINT, WPARAM, LPARAM);
SOCKET sockCli;                                        //声明客户端套接字
SOCKADDR_IN addrSer, addrCli;
int APIENTRY WinMain(HINSTANCE hInstance, HINSTANCE hPrevInstance,
LPSTR lpCmdLine, int nCmdShow){
    DialogBox(hInst, (LPCTSTR)IDD_ABOUTBOX, NULL, (DLGPROC)About);
    return 0;
}
LRESULT CALLBACK About(HWND hDlg, UINT message, WPARAM wParam,
LPARAM lParam){
    char ip[16], port[5];
    char sendbuf[256],recvbuf[256];
    char serbuf[256]="服务器:>", clibuf[256]="客户端:>";
    int len=sizeof(SOCKADDR);
    switch(message){
        case WM_INITDIALOG:                            //对话框初始化
            SetDlgItemText(hDlg,IDC_IP,"127.0.0.1");
            SetDlgItemText(hDlg,IDC_PORT,"5566");
            WSADATA wsaData;
            WSAStartup(MAKEWORD(2,2), &wsaData);       //加载协议栈
            sockCli=socket(AF_INET,SOCK_STREAM,0);     //创建套接字
```

```
            break;
        case WM_COMMAND: {
            switch(LOWORD(wParam)) {
                case IDC_QUIT:                              //单击了"退出"按钮
                    EndDialog(hDlg, LOWORD(wParam));
                    closesocket(sockCli);
                    WSACleanup();
                    break;
                case IDC_CONN:                              //单击了"连接服务器"按钮
                    GetDlgItemText(hDlg,IDC_IP,ip,16);  //获取 IP 地址
                    GetDlgItemText(hDlg,IDC_PORT,port,5);
                    EnableWindow(GetDlgItem(hDlg,IDC_CONN),FALSE);
                                                            //禁用连接按钮
                    addrSer.sin_family=AF_INET;
                    addrSer.sin_port=htons(atoi(port));
                    addrSer.sin_addr.S_un.S_addr=inet_addr(ip);
                    if(connect(sockCli,(SOCKADDR*)&addrSer,sizeof(SOCKADDR)))
                        MessageBox(NULL,"客户端连接服务器失败","警告",0);
                    else
                        MessageBox(NULL,"客户端连接服务器成功","通知",0);
                    break;
                case IDC_SEND:                              //单击了"发送"按钮
                    GetDlgItemText(hDlg,IDC_SENDBUF,sendbuf,256);
                                                            //获得发送框的内容
                    send(sockCli,sendbuf,strlen(sendbuf)+1,0);      //发送消息
                    SetDlgItemText(hDlg,IDC_SENDBUF,"");            //清空发送框
                    strcat(clibuf,sendbuf);
                    SendDlgItemMessage(hDlg,IDC_RECVBUF,LB_ADDSTRING,0,(LPARAM)
                    clibuf);
                    strcpy(clibuf, "客户端:>");             //重新给字符串赋值
                    break;
                case IDC_RECV:                              //单击了"接收"按钮
                    recv(sockCli,recvbuf,256,0);            //接收消息
                    strcat(serbuf,recvbuf);
                        SendDlgItemMessage(hDlg,IDC_RECVBUF,LB_ADDSTRING,0,
                        (LPARAM)serbuf);
                    strcpy(serbuf, "服务器:>");             //重新给字符串赋值
                    break;
                }
            }
        }
        return FALSE;
}
```

习题

1. 每个按钮的ID属性存放在WM_COMMAND消息的(　　)中。
   A. wParam的高位字节　　B. wParam的低位字节
   C. lParam的高位字节　　D. lParam的低位字节
2. 下列函数中(　　)可以返回本机的IP地址。
   A. gethostbyname()　　B. gethostname()
   C. gethostbyaddr()　　D. gethostaddr()
3. WM_COMMAND表示________,WM_INITDIALOG表示________。
4. 要设置编辑框显示的内容,应使用________函数。
5. 要获取编辑框显示的内容,应使用________函数。
6. 要向列表框中添加一行文本,应使用________函数。
7. 在Windows API程序中,对话框是通过________函数创建的。
8. 在Visual C++中,怎样保证向列表框中添加消息时,消息总是从上到下按时间顺序显示?
9. 为3.3节的程序添加显示消息发送时间的功能。

第 4 章　异步通信版本的 TCP 通信程序

在 3.3 节中实现的通信程序仍然有很多不足，最明显的不足是，通信双方不能自动接收对方消息，需要单击"接收"按钮才能接收。另外，在服务器端单击"创建服务器"按钮后，如果没有客户端连接，则该程序处于"失去响应"的状态，单击任何按钮都没反应，因为这时服务器端一直在等待连接。当服务器端与客户端连接成功后，若其中一方还没有发送消息，用户就去单击另一方的"接收"按钮，则程序也将进入"失去响应"状态，因为这时程序一直在等待接收消息。

上述问题都是由于 WinSock 程序默认处于阻塞状态造成的。要解决这些问题，必须先理解阻塞与非阻塞模式，同步与异步这些概念。

4.1　阻塞与非阻塞模式

阻塞是指一个线程在调用一个函数时，该函数由于某种原因不能立即完成，导致线程处于等待的状态。C 语言中许多 I/O 函数都能引起阻塞，例如 scanf()、getc()、gets()等。

4.1.1　引起阻塞的 WinSock 函数

在 WinSock 编程中，许多套接字函数也会引起阻塞。例如，程序调用 accept()函数时，如果没有客户端连接，则 accept()函数会处于阻塞状态。此时，程序将停止执行，一直要等待 accept()函数执行成功后返回，才会继续执行下面的代码，因此，程序这段时间会处于"失去响应"的状态。

在 WinSock 中，能引起阻塞的套接字函数如下：

(1) accept()：套接字的缓冲队列中没有已到达的连接请求则阻塞，当有连接请求到达时阻塞结束。

(2) connect()：连接请求发送出去后便阻塞，直到 TCP/IP 的三次握手过程成功时阻塞才结束，返回对客户端连接请求的确认。

(3) recv()、recvfrom()：套接字的接收缓冲区没有数据可读则阻塞，直到有数据可读时阻塞才结束。

(4) send()、sendto()：套接字的发送缓冲区中仍有以前的数据未发送出去，并且发送缓冲区的空间不能容纳要发送的数据，则阻塞，直到套接字发送缓冲区有足够的空间时阻塞才结束。

提示：listen()函数是不会引起阻塞的。

在默认情况下，套接字工作在阻塞模式下，即在调用引起阻塞的套接字函数时，如果要求的操作不能立刻完成，函数将处于阻塞状态，直到操作完成才会返回。如果不想让这种情况发生，可将套接字设置为非阻塞模式。

在非阻塞模式下，不管套接字函数执行是否成功，都将立即返回，继续执行程序。可见，非阻塞模式能克服阻塞模式的缺点，当一个I/O操作不能及时完成时，应用程序不再阻塞，而是继续做其他事情。另外，在有多个套接字的情况下，就可以通过循环来轮询各个套接字的I/O操作，从而提高工作效率。

WinSock提供了5种套接字的I/O模型：WSAAsyncSelect模型(异步选择模型)、WSAEventSelect模型(事件选择模型)、重叠I/O(Overlapped I/O)模型和I/O完成端口(Completion port)模型，这些模型都可以将套接字设置为非阻塞模式。

4.1.2 异步I/O模型

尽管非阻塞模式不需要等待套接字函数执行成功后再返回，而是立即返回，但它不知道套接字函数是否执行成功了，于是它不得不每隔一段时间询问一下(如检测函数的返回值，以判断是否执行成功)，显然这会带来资源的不必要消耗。

为此，WinSock 2引入了异步I/O模型，在这种模型中，当发生网络事件(如有数据可读)时，它将主动通知应用程序，应用程序只有在收到事件通知时才调用相应的套接字函数进行I/O操作。

下面举个例子来说明阻塞和非阻塞、同步和异步的区别。

老张要用水壶烧开水，则他有以下4种做法：

(1) 老张把水壶放到火上，然后站在旁边等待，在此期间他不做任何事，一直等到水开(同步阻塞)。

(2) 老张把水壶放到火上，然后去客厅看电视，再不时去厨房看看水开了没有(同步非阻塞)。

(3) 老张把会鸣笛的水壶放到火上，然后站在旁边等待，一直等到鸣笛水开(异步阻塞)。

(4) 老张把会鸣笛的水壶放到火上，然后去看电视，在水壶不鸣笛之前不再去看它，等听到鸣笛后再去拿壶(异步非阻塞)。

可见，同步和异步是针对水壶而言的：普通水壶为同步；会鸣笛的响水壶为异步。而阻塞和非阻塞是针对老张而言的：站在旁边等的老张为阻塞；看电视的老张为非阻塞。

在以上4种做法中，显然第(3)种(异步阻塞)没有多少实用价值，因此，WinSock中讨论的异步模式指的都是异步非阻塞模式。也就是说，非阻塞模式不一定能做到是异步的，但异步模式一定是非阻塞的。

4.1.3 WSAAsyncSelect模型

在WinSock 2中，提供了WSAAsyncSelect和WSAEventSelect两种异步I/O模型，二者的差别在于系统通知应用程序的方法不同。

WSAAsyncSelect模型是基于Windows的消息机制实现的。当网络事件发生时，

Windows 系统将发送一条事件消息给应用程序，应用程序可根据事件类型调用相应的处理程序。

1. WSAAsyncSelect()函数

WSAAsyncSelect 模型的核心是 WSAAsyncSelect()函数，该函数的主要功能是为指定的套接字向系统注册一个或多个应用程序需关注的网络事件。注册网络事件时，需要指定事件发生时需要发送的消息以及处理该消息的窗口的句柄。程序运行时，一旦被注册的事件发生，系统将向指定的窗口(或对话框)发送指定的消息。

WSAAsyncSelect()函数的语法如下：

```
int WSAAsyncSelect(SOCKET s, HWND hWnd, unsigned int wMsg, long lEvent)
```

该函数的 4 个参数含义如下：

- s：需要发送事件通知的套接字。
- hWnd：当网络事件发生时接收消息的窗口句柄，如果是对话框，则为对话框句柄 hDlg。
- wMsg：当网络事件发生时向窗口发送的用户自定义消息。
- lEvent：要注册的应用程序感兴趣的套接字 s 的网络事件集合。可由 WSAAsyncSelect()函数注册的常见网络事件如表 4-1 所示。

表 4-1 可由 WSAAsyncSelect()函数注册的常见网络事件

事 件 名	含 义
FD_ACCEPT	有连接请求到达时触发
FD_CONNECT	连接建立完成时触发
FD_READ	接收缓冲区有数据可读时触发
FD_WRITE	发送缓冲区有数据可发送时触发
FD_CLOSE	套接字被关闭时触发
FD_OOB	接收缓冲区收到带外数据时触发

如果网络事件注册成功，该函数将返回 0；否则返回 SOCKET_ERROR。

提示：

(1) 在程序中调用 WSAAsyncSelect()函数后，会自动将套接字设置为非阻塞模式，因此 WSAAsyncSelect 模型是一种异步非阻塞模型。

(2) WSAAsyncSelect 模型只能用于 Windows 窗口程序(或对话框程序)中，无法用在控制台程序中。

2. WSAAsyncSelect 模型编程步骤

在传统阻塞模式的 Windows 通信程序(例如 3.3 节的程序)的基础上，按照如下几步对程序进行扩充，即可实现基于 WSAAsyncSelect 模型的异步通信程序。

(1) 自定义 socket 事件消息。

WSAAsyncSelect 模型是基于 Windows 消息机制的。WSAAsyncSelect()函数要求它的第 3 个参数 wMsg 是一个自定义消息,该自定义消息一般命名为 WM_SOCKET。为了保证该自定义消息不会和 Windows 预定义消息发生冲突,该自定义消息的值一般设置为比 WM_USER 预定义消息的值大一些。下面是定义 WM_SOCKET 消息的示例代码:

```
#define WM_SOCKET WM_USER+0x10
```

(2) 用 WSAAsyncSelect()函数将套接字设置为异步方式。

WSAAsyncSelect()函数一般紧跟在 socket()函数或者 bind()函数后面,这样,就能将传统 WinSock 中的套接字设置为异步非阻塞模式。示例代码如下:

```
sockSer=socket(AF_INET,SOCK_STREAM,0);
WSAAsyncSelect(sockSer, hDlg,WM_SOCKET, FD_ACCEPT |FD_READ | FD_CLOSE);
```

上述代码将套接字 sockSer 设置为异步非阻塞模式,当网络事件 FD_ACCEPT、FD_READ 或 FD_CLOSE 发生时,将会把消息 WM_SOCKET 投递给对话框 hDlg。对话框此时可以对 WM_SOCKET 消息进行处理。

在上面的示例中,注册了 3 个网络事件: FD_ACCEPT、FD_READ 和 FD_CLOSE。应用程序要注册哪些网络事件完全取决于实际需要。如果要注册多个事件,必须将多个事件名用按位或运算符(|)连接起来,再将它们作为整体赋值给 lEvent 参数,而绝不能写成如下形式:

```
WSAAsyncSelect(sockSer, hDlg,WM_SOCKET, FD_ACCEPT);
WSAAsyncSelect(sockSer, hDlg,WM_SOCKET, FD_READ);
WSAAsyncSelect(sockSer, hDlg,WM_SOCKET, FD_CLOSE);
```

这是因为,如果一个套接字多次调用 WSAAsyncSelect()函数,那么后一次的函数调用将取消前面注册的网络事件,因此,只有最后一条语句会起作用。

(3) 添加网络事件消息处理程序。

当在套接字上注册的网络事件发生时,系统将向指定的对话框发送指定的用户自定义消息,进而触发对该消息的消息处理函数的执行。消息处理函数必须能判断发生了哪种网络事件,这需要用到 WinSock 提供的一个宏: WSAGETSELECTEVENT。示例代码如下:

```
case WM_SOCKET:                         //自定义消息
    switch(WSAGETSELECTEVENT(lParam)) {
        case FD_ACCEPT: {               //接受请求事件
            …
        }
        case FD_READ: {                 //可读事件
            …
        }
```

```
        break;
    }
```

任何消息都有两个参数。对于 WM_SOCKET 消息来说，它的 lParam 参数的低 16 位存放发生的网络事件，高 16 位则存放网络事件发生错误时的错误码，而 wParam 参数存放发生网络事件的套接字的句柄。

4.2 异步通信版本的 TCP 通信程序实例

TCP 异步通信程序

下面按照 WSAAsyncSelect 模型编程的步骤将 3.3 节的程序改写为异步通信版本的程序，该程序的运行结果如图 4-1 所示。可见，该程序与 3.3 节的程序相比，最大的区别就是没有“接收”按钮，因为它能自动接收消息。另外，它能实现客户端的二次连接，即关闭客户端后，再重新启动客户端，仍然能够成功连接服务器并与之通信。

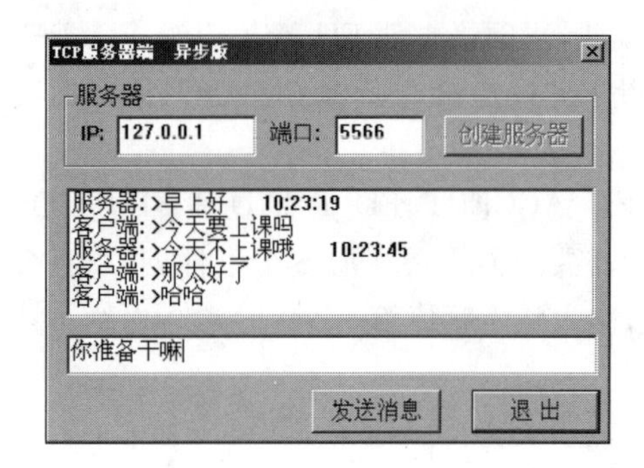

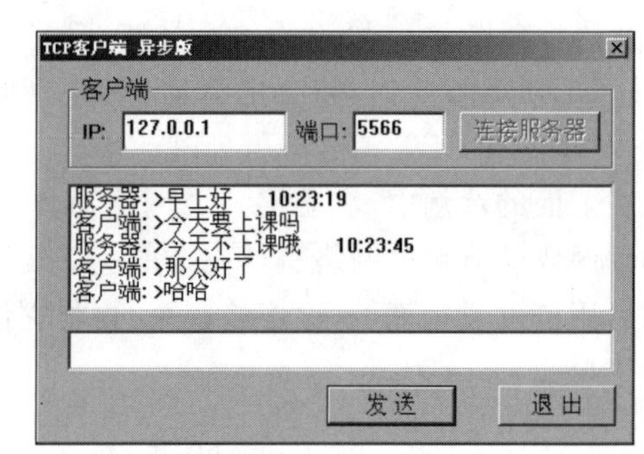

图 4-1　异步通信版本的 TCP 通信程序

该程序因为具有异步特性，因此当发生网络事件时(如有数据可读、接受连接请求成功)，Windows 系统将发送事件消息通知对话框，对话框此时可在消息处理程序中用 recv()函数接收数据，从而实现自动接收消息。另外，在服务器端单击“创建服务器”按钮，即使没有客户端连接，程序也不会处于“失去响应”状态，因为它具有非阻塞特性。

将 3.3 节中的程序改造成异步通信版本的步骤如下：

(1) 在创建套接字之后，用 WSAAsyncSelect()函数将套接字设置为异步模式。

(2) 将“接收”按钮函数中的代码写到 FD_READ 事件中。

4.2.1 服务器端程序的编制

服务器端程序的编制步骤如下：

(1) 新建工程，选择 Win32 Application，输入工程名(如 TCPAsync_Server)，然后选择“一个典型的 Hello World!程序”。

(2) 在工作空间窗口的左侧选择 FileView 选项卡，找到对应的源文件(如 TCPAsync_Server.cpp)，将 WinMain()函数中的 DialogBox()函数行(148 行)和 return 0;行保留，

将其他代码全部删除,再将 DialogBox()函数中的第 3 个参数 HWnd 改为 NULL。

(3) 切换到 ResourceView 选项卡,找到 Dialog 下的 IDD_ABOUTBOX,将对话框的界面及各个控件的 ID 值设置为如图 4-2 所示。

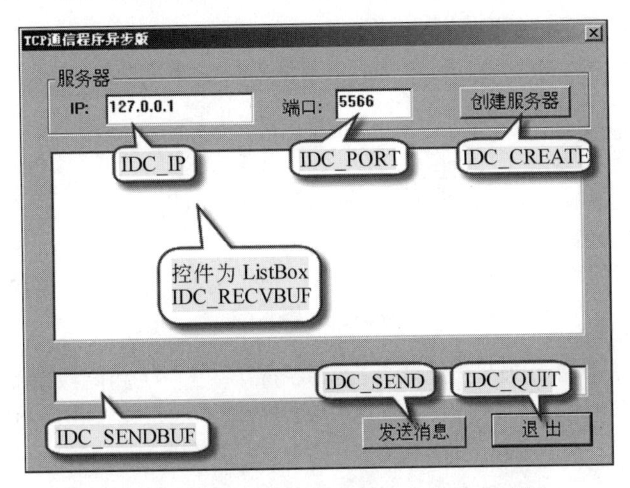

图 4-2 服务器端程序界面及各控件 ID 值

(4) 打开 TCPAsync_Server. cpp 文件,编写如下代码:

```
#include "stdafx.h"
#include "resource.h"
#include "stdio.h"
#include "WINSOCK2.h"
#include <time.h>
#pragma comment(lib,"ws2_32.lib")
#define WM_SOCKET WM_USER+0x10                    //自定义套接字消息
HINSTANCE hInst;
LRESULT CALLBACK About(HWND, UINT, WPARAM, LPARAM);
SOCKET sockSer,sockConn;
SOCKADDR_IN addrSer, addrCli;
int len=sizeof(SOCKADDR);
char sendbuf[256], recvbuf[256];
char clibuf[999]="客户端: >", serbuf[999]="服务器: >";
int APIENTRY WinMain (HINSTANCE hInstance, HINSTANCE hPrevInstance,
LPSTRlpCmdLine,intnCmdShow){
    DialogBox(hInst, (LPCTSTR)IDD_ABOUTBOX, NULL, (DLGPROC)About);
    return 0;
}
LRESULT CALLBACK About(HWND hDlg, UINT message, WPARAM wParam, LPARAM lParam){
char port[5],ip[16];
time_t tt=time(NULL);                         //本句返回的只是一个时间戳
tm* t=localtime(&tt);
char szTime[20];                              //用来保存时间
switch(message) {
```

```
case WM_INITDIALOG:
    SetDlgItemText(hDlg,IDC_IP,"127.0.0.1");
    SetDlgItemText(hDlg,IDC_PORT,"5566");
    WSADATA wsaData;
    if(WSAStartup(MAKEWORD(2,2), &wsaData)) {
        MessageBox(hDlg,"Winsock 加载失败","警告",0);
        WSACleanup();
        return -1;
    }
    sockSer=socket(AF_INET,SOCK_STREAM,0);
    //设置异步方式
    WSAAsyncSelect(sockSer, hDlg,WM_SOCKET,FD_ACCEPT |FD_READ | FD_CLOSE);
    return TRUE;
case WM_SOCKET:                                  //自定义消息
    switch(WSAGETSELECTEVENT(lParam)) {          //选择要处理的事件
        case FD_ACCEPT:{                         //接收请求事件
            sockConn=accept(sockSer,(SOCKADDR*)&addrCli,&len);
        }
        break;
        case FD_READ: {                          //可读事件
            recv(sockConn,recvbuf,256,0);        //接收消息
            strcat(clibuf,recvbuf);
            //将接收到的消息添加到列表框中
            SendDlgItemMessage(hDlg,IDC_RECVBUF,LB_ADDSTRING,0,(LPARAM)
            clibuf);
            strcpy(clibuf, "客户端:>");           //重新给字符串赋值
        }
        break;
        case FD_CLOSE: {                         //关闭连接事件
            MessageBoxA(NULL, "对方已经关闭连接", "tip", 0);
        }
        break;
    }
    break;
    case WM_COMMAND:{
        switch(LOWORD(wParam)) {
            case IDC_QUIT:                       //单击了"退出"按钮
                EndDialog(hDlg, LOWORD(wParam));
                closesocket(sockSer);
                WSACleanup();
                return TRUE;
            case IDC_CREATE:                     //单击了"创建服务器"按钮
                GetDlgItemText(hDlg,IDC_IP,ip,16);
                GetDlgItemText(hDlg,IDC_PORT,port,5);
                EnableWindow(GetDlgItem(hDlg,IDC_CREATE),FALSE);
                                                 //使该按钮失效
```

```
                addrSer.sin_family=AF_INET;
                addrSer.sin_port=htons(atoi(port));
                addrSer.sin_addr.S_un.S_addr=inet_addr(ip);
                bind(sockSer,(SOCKADDR * ) &addrSer,len);
                listen(sockSer,5);
                break;
            case IDC_SEND:                          //单击了"发送"按钮
                sprintf(szTime," %02d:%02d:%02d", t->tm_hour, t->tm_min,
                t->tm_sec);
                GetDlgItemText(hDlg,IDC_SENDBUF,sendbuf,256);
                strcat(sendbuf,szTime);
                send(sockConn,sendbuf,strlen(sendbuf)+1,0);
                                                    //发送带时间的消息
                SetDlgItemText(hDlg,IDC_SENDBUF,NULL);
                strcat(serbuf,sendbuf);
                SendDlgItemMessage(hDlg,IDC_RECVBUF,LB_ADDSTRING,0,
                (LPARAM)serbuf);
                strcpy(serbuf, "服务器：>");     //重新给字符串赋值
                break;
            }
        }
        break;
    }
    return FALSE;
}
```

4.2.2 客户端程序的编制

按照编制服务器端程序的方法新建工程，工程名为 TCPAsync_Client。程序的界面及各控件的 ID 属性值如图 4-3 所示。

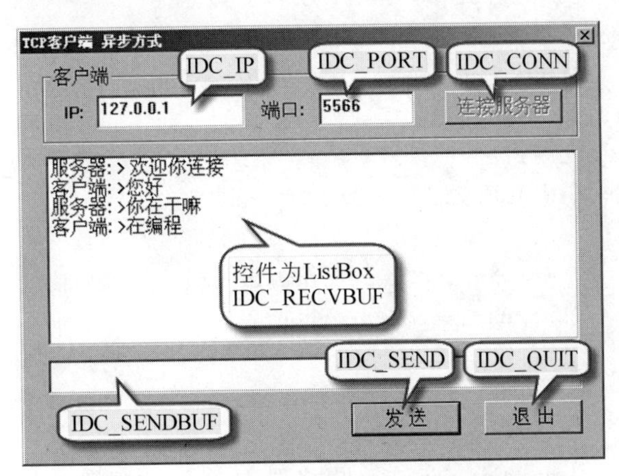

图 4-3 客户端程序界面及各控件的 ID

打开 TCPAsync_Client.cpp 文件,编写如下代码:

```
#include "stdafx.h"
#include "resource.h"
#include "stdio.h"
#include "WINSOCK2.h"
#pragma comment(lib,"ws2_32.lib")
#define WM_SOCKET WM_USER+0x10                          //自定义套接字消息
HINSTANCE hInst;
LRESULT CALLBACK About(HWND, UINT, WPARAM, LPARAM);
SOCKET sockCli;                                         //客户端套接字
SOCKADDR_IN addrSer, addrCli;
int len=sizeof(SOCKADDR);
int APIENTRY WinMain (HINSTANCE hInstance, HINSTANCE hPrevInstance, LPSTR
lpCmdLine, int nCmdShow){
    DialogBox(hInst, (LPCTSTR)IDD_ABOUTBOX, NULL, (DLGPROC)About);
    return 0;
}
LRESULT CALLBACK About(HWND hDlg, UINT message, WPARAM wParam, LPARAM lParam) {
    char sendbuf[256],recvbuf[256];
    char clibuf[999]="客户端:>", serbuf[999]="服务器:>";
    char ip[16],port[5];
    int res;
    switch(message) {
        case WM_INITDIALOG:                             //对话框初始化时
            WSADATA wsaData;
            WSAStartup(MAKEWORD(2,2), &wsaData); //初始化协议栈
            SetDlgItemText(hDlg,IDC_IP,"127.0.0.1");
            SetDlgItemText(hDlg,IDC_PORT,"5566");
            sockCli=socket(AF_INET,SOCK_STREAM,0);
            //设置异步方式
            WSAAsyncSelect(sockCli, hDlg,WM_SOCKET, FD_READ | FD_CLOSE);
            return TRUE;
        case WM_SOCKET:                                 //自定义消息
            switch(WSAGETSELECTEVENT(lParam)){
                case FD_READ: {                         //可读事件
                    recv(sockCli,recvbuf,256,0);  //接收信息
                    strcat(serbuf,recvbuf);
                                                //将接收到的数据添加到列表框中
                    SendDlgItemMessage(hDlg,IDC_RECVBUF,LB_ADDSTRING,0,
                    (LPARAM)serbuf);
                    strcpy(serbuf, "服务器:>");     //重新给字符串赋值
                }
```

```
            break;
            case FD_CLOSE: {                    //关闭连接事件
                MessageBoxA(NULL, "正常关闭连接", "tip", 0);
            }
            break;
        }
        break;
        case WM_COMMAND:{
            switch(LOWORD(wParam)){
                case IDC_QUIT:
                    EndDialog(hDlg, LOWORD(wParam));
                    closesocket(sockCli);       //关闭套接字
                    WSACleanup();               //清空协议栈
                    return TRUE;
                case IDC_CONN:                  //单击了"连接服务器"按钮
                    GetDlgItemText(hDlg,IDC_IP,ip,16);          //获取 IP 地址
                    GetDlgItemText(hDlg,IDC_PORT,port,5);
                    EnableWindow(GetDlgItem(hDlg,IDC_CONN),FALSE);
                    addrSer.sin_family=AF_INET;
                    addrSer.sin_port=htons(atoi(port));
                    addrSer.sin_addr.S_un.S_addr=inet_addr(ip);
                    res=connect(sockCli,(SOCKADDR*)&addrSer,sizeof
                    (SOCKADDR));
                    if(res!=10035){//10035是异步通信不能立即执行引起的错误码
                        MessageBox(NULL,"客户端连接服务器失败","警告",0);}
                    else MessageBox(NULL,"客户端连接服务器成功","通知",0);
                break;
            case IDC_SEND:                      //单击了"发送"按钮
                GetDlgItemText(hDlg,IDC_SENDBUF,sendbuf,256);
                send(sockCli,sendbuf,strlen(sendbuf)+1,0);      //发送消息
                SetDlgItemText(hDlg,IDC_SENDBUF,NULL);          //清空发送框
                strcat(clibuf,sendbuf);
                SendDlgItemMessage(hDlg,IDC_RECVBUF,LB_ADDSTRING,0,
                (LPARAM)clibuf);
                strcpy(clibuf, "客户端：>");    //重新给字符串赋值
                break;
            }
        }
        break;
    }
    return FALSE;
}
```

习题

1. 在异步通信模式中，接收网络数据的程序应写在(　　)网络事件中。

A. FD_READ　　B. FD_WRITE

C. FD_ACCEPT　　D. FD_CONNECT

2. 网络事件的类型一般保存在(　　)宏的lParam低16位中。

A. WSAGETSELECTEVENT　　B. WSANETWORKEVENTS

C. WSAEVENTSELECT　　D. WSAEVENT

3. 下列关于WinSock套接字编程的说法中错误的是(　　)。

A. WSAAsyncSelect()函数不能用在控制台程序中

B. 客户端可以不使用bind()函数

C. 即使不使用WSAStartup()进行初始化，程序编译时也不会出错

D. htons()函数的参数是一个表示端口号的字符数组

4. 如果要在程序中注册多个网络事件，应该把多个网络事件写在________条WSAAsyncSelect()语句中。(填1或"多")。

5. 异步通信使用的是WinSock的________模式。(填"阻塞"或"非阻塞")

6. 在Windows应用程序中，怎样实现不需要"接收"按钮即可自动接收网络消息？

7. 阅读下面的程序段，并解释程序中①～⑤处语句的作用，包括函数的功能和函数中各个参数的含义。

```
switch(message) {
    case WM_INITDIALOG:
        SetDlgItemText(hDlg,IDC_IP,"127.0.0.1");                    //①
        SetDlgItemText(hDlg,IDC_PORT,"5566");
        sockSer=socket(AF_INET,SOCK_STREAM,0);                      //②
        WSAAsyncSelect(sockSer, hDlg,WM_SOCKET,FD_ACCEPT |FD_READ);  //③
        return TRUE;
    case WM_SOCKET:     //自定义消息
        switch(WSAGETSELECTEVENT(lParam)){                          //④
            case FD_READ: {
                recv(sockConn,recvbuf,256,0);
                strcat(clibuf,recvbuf);
                SendDlgItemMessage(hDlg,IDC_RECVBUF,LB_ADDSTRING,0,
                (LPARAM)clibuf);                                    //⑤
                strcpy(clibuf, "客户端: >");
            }
            break;
        }
}
```

8. 将4.2节的程序改为回声程序，即客户端或服务器端在收到消息后，都会自动发送一条相同的消息及消息字节数给对方。

第5章　UDP通信程序

尽管TCP能实现网络实体间的通信，但通信双方是不对等的，必须有一方作为服务器，而另一方（或多方）作为客户端。而UDP通信则提供了两种套接字编程模型，即C/S模型和P2P模型，其中P2P模型各方都是对等的。UDP套接字编程还可方便地实现广播程序或多播程序，这些特点使UDP在很多方面弥补了TCP的不足。

5.1　UDP通信程序的原理

UDP是基于不可靠传输的数据报传输协议，UDP传输的是无连接数据报，UDP数据报几乎是原封不动地封装了IP数据包，只是在IP数据包的包头增加了UDP端口号。UDP服务的特点是无连接、不可靠。无连接的特点决定了数据报的传输非常灵活，具有资源消耗小、处理速度快的优点；而不可靠意味着在网络质量不佳的情况下，会发生数据包丢失的情况，因此上层应用程序在设计时需要考虑网络应用程序的运行环境，数据在传输过程中的丢失、乱序或重复对应用程序带来的负面影响。总的来看，UDP适用于以下场合：

（1）视频、音频数据的实时传输。

UDP适合用于视频、音频这类对实时性要求比较高的数据传输。传输的内容通常被切分成独立的数据报，其类型多为编码后的媒体信息。相对于TCP，UDP减少了确认、同步等操作，减少了网络开销。

（2）广播与多播的传输应用。

TCP只能用于一对一的数据通信；而UDP不但支持一对一的通信，还支持一对多的通信，可以使用广播方式向某一IP子网内的所有用户发送广播数据，或使用多播方式向一组用户传输数据，这类应用包括局域网聊天室或者以广播形式实现的局域网扫描器等。

（3）简单、高效需求高于可靠需求的传输应用。

尽管UDP传输不可靠，但其高效的传输特点使其在一些传输应用中受到欢迎。例如，聊天软件通常使用UDP传输消息和文件，日志服务器通常设计为基于UDP接收日志。这些应用不希望在每次传输短小数据时也要付出昂贵的TCP连接的建立与维护代价，而且即使丢失一两个数据包，也不会对接收结果产生太大影响。也可以通过应用层程序检测是否丢包，并对丢失的数据包进行重传。

（4）需要穿透防火墙或代理服务器的通信。

由于很多用户通过企业内部网上网，不同内部网中主机之间的通信需要穿过防火墙、代理服务器、NAT路由器等设备，此时，不同主机之间能彼此建立TCP连接的概率很小。而UDP数据包则能穿透大部分的NAT路由器等设备（俗称UDP打洞），因此QQ选择UDP作为客户端之间主要的通信协议。

综上所述,UDP具有多对多通信、不可靠服务、缺乏流控制等传输特点。同时,UDP采用报文模式,在发送数据时,发送方需要准确指明要发送的字节数。

5.1.1 UDP的通信模式

使用UDP套接字通信有两种通信模式可供选择:一种是客户端/服务器(C/S)模式,另一种是对等(P2P)模式。

1. 客户端/服务器模式

在UDP客户端/服务器模式中,只有服务器端绑定了地址,客户端没绑定地址,服务器端在通信开始前并不知道客户端的任何地址信息,因而无法发起通信,双方的通信必须由客户端先向服务器端发送消息来发起,此后服务器端和客户端才能相互发送消息。

使用客户端/服务器模式的UDP通信程序流程如图5-1所示。服务器端必须先启动,而通信由客户端先发送数据来发起。

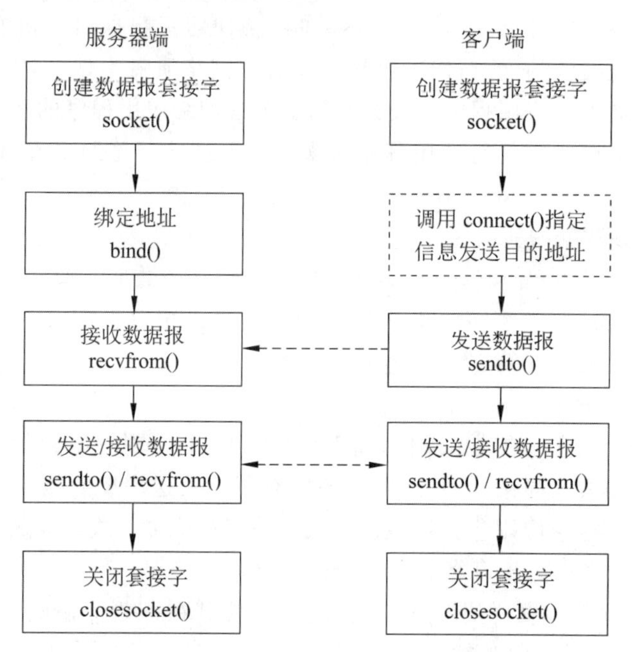

图5-1 客户端/服务器模式的UDP通信程序流程

UDP服务器端的通信流程如下:

(1) 加载套接字库(WSAStartup())。

(2) 创建套接字(socket()),将第2个参数设置为SOCK_DGRAM。

(3) 绑定套接字到本机地址和通信端口(bind())。

(4) 等待来自客户端的数据。

(5) 进行数据传输(sendto()和recvfrom())。

(6) 关闭套接字(closesocket()),并清除加载的套接字库,释放资源(WSACleanup())。

UDP 客户端的通信流程如下：

(1) 加载套接字库（WSAStartup()）。

(2) 创建套接字(socket())，将第 2 个参数设置为 SOCK_DGRAM。

(3) 使用 connect()函数为套接字指定通信对端的 IP 地址和端口号。这一步是可选的，使用 connect()函数后，就既可以使用 send()和 recv()函数传输数据，也可以使用 sendto()和 recvfrom()函数传输数据；而如果省略这一步，随后的数据传输就只能使用 sendto()和 recvfrom()函数了，因为需要使用这两个函数的后两个参数去指定对端的地址。

(4) 向服务器端发送数据(sendto())。

(5) 进行数据传输(sendto()和 recvfrom())。

(6) 关闭套接字（closesocket()），并清除加载的套接字库，释放资源(WSACleanup())。

注意：在 UDP 程序中，不绑定 IP 地址和端口号的一方必须首先向绑定 IP 地址和端口号的一方发送数据。

2. 对等模式

在对等模式中，通信双方并无客户端和服务器端之分，通信双方地位完全对等，每一方既作为服务器端又作为客户端，谁都可以首先向对方发送数据，只要事先知道对方的 IP 地址即可。在这种模式下，还可以实现一对多或多对多通信。

由于通信各方都要能主动向其他方发送信息，因此，每个通信方都必须先用 bind()函数绑定本机地址，在发送数据之前需要知道数据接收方的 IP 地址及所用端口号。

基于对等模式的 UDP 通信程序流程如图 5-2 所示，可见，通信双方的程序流程完全一样，程序代码也完全一样，因此只要编写一个程序，然后再运行该程序的多个实例，即可相互通信。

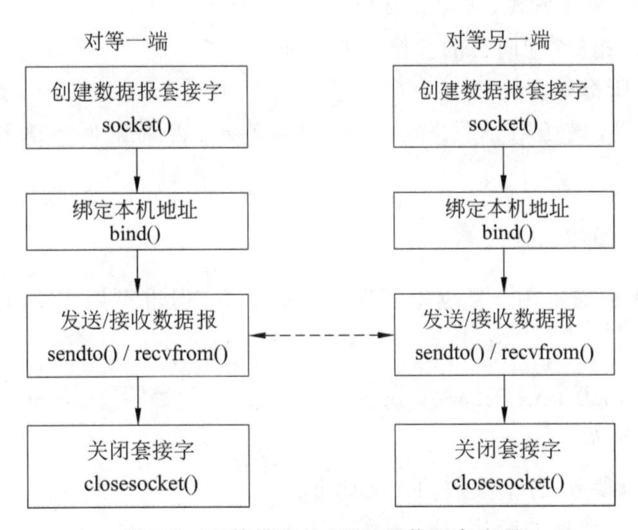

图 5-2　对等模式的 UDP 通信程序流程

需要说明的是，在对等模式中，发送数据前同样可以先调用 connect()函数指定对端的地址，然后就可使用 send()函数和 recv()函数传输数据，这一方法在图 5-2 中没有给出。

5.1.2 UDP 的数据收发函数

UDP 的发送、接收数据函数分别是 sendto()和 recvfrom()，它们都有 6 个参数；而 TCP 的发送、接收数据函数分别是 send()和 recv()，它们都只有 4 个参数。sendto()/send()和 recv()/recvfrom()这两对函数的前 4 个参数的含义是相同的。

因为 UDP 是无连接通信，必须知道对方的地址才能收发数据，所以 sendto()和 recvfrom()多了两个参数，分别用来设置对方的套接字地址和套接字地址变量的长度。另外，recvfrom()的第 6 个参数是一个地址，带有 & 符，而 sendto()的第 6 个参数是一个值。

1. sendto()函数

sendto()函数通常用于数据报套接字发送数据，但也可用于流式套接字。其函数原型如下：

```
int sendto(SOCKET s, const char * buf, int len, int flags, const struct sockaddr
* to, int tolen);
```

该函数有 6 个参数，各个参数的含义如下：

- s：一个套接字。
- buf：保存待发送数据的缓冲区。
- len：缓冲区中待发送数据的长度。
- flags：调用操作方式，通常取值为 0。
- to：(可选)指针，指向目的套接字的地址。
- tolen：to 所指地址的长度。

若无错误发生，该函数返回发送数据的字节数；否则返回 SOCKET_ERROR 错误值。

2. recvfrom()函数

recvfrom()函数通常用于数据报套接字接收数据，但也可用于流式套接字。其函数原型如下：

```
int recvfrom(SOCKET s, char * buf, int len, int flags, struct sockaddr * from,
int * fromlen);
```

该函数有 6 个参数，各个参数的含义如下：

- s：指定接收数据的套接字。
- buf：接收数据缓冲区。
- len：缓冲区长度。

- flags：调用操作方式。
- from：(可选)指针，指向装有源地址的缓冲区。
- fromlen：(可选)指针，指向from缓冲区长度值。

若无错误发生，该函数返回收到的字节数；如果连接已中止，返回0；若发生错误，返回SOCKET_ERROR。

提示：recvfrom()函数不仅能从套接字接收数据，还能捕获数据发送源地址。因为该函数的from参数保存了发送源地址(网络字节顺序形式)。

5.2 控制台版本的UDP通信程序实例

本节制作一个控制台版本的UDP通信程序，该程序分为服务器端与客户端，如图5-3所示。其中，左图为服务器端，右图为客户端。其功能与2.2节中的TCP通信程序基本相同，但区别是本程序的客户端必须先发送消息给服务器端。

图5-3 控制台版本的UDP通信程序

5.2.1 服务器端程序的编制

UDP通信程序

服务器端程序的编制步骤如下：

(1) 新建工程，选择Win32 Console Application，输入工程名(如UDPServer)，单击“下一步”按钮，在Win32 Application对话框中选择“一个简单的Win32程序”单选按钮。

(2) 在UDPServer.cpp文件中输入如下代码：

```
#include "iostream.h"
#include "winsock2.h"
#pragma comment(lib, "ws2_32.lib ")
int main(){
    WSADATA wsaData;
    if(WSAStartup(MAKEWORD(2,2), &wsaData)) {
        cout<<"Winsock can not be init!"<<endl;
        WSACleanup();
        return 0;
    }
    SOCKET sockSer;                          //创建服务器套接字
    sockSer=socket(AF_INET, SOCK_DGRAM, 0);
```

```
        sockaddr_in addrSer,addrCli;            //创建服务器地址和客户端地址结构
        addrSer.sin_family=AF_INET;
        addrSer.sin_port=htons(5566);
        //addrSer.sin_addr.S_un.S_addr=inet_addr("127.0.0.1");
        addrSer.sin_addr.s_addr=INADDR_ANY;  //设置服务器地址为任意地址
        bind(sockSer,(SOCKADDR*)&addrSer,sizeof(addrSer));
        cout<<"等待客户端的连接"<<endl;
        char sendbuf[256]="\0";                  //该字符数组无论赋0值还是不赋值都可以
        char recvbuf[256]="\0";
        int len=sizeof(SOCKADDR);
        while(1){
            recvfrom(sockSer,recvbuf,256,0,(SOCKADDR *)&addrCli,&len);
            cout<<"客户端:>" <<recvbuf<<endl;
            cout<<"服务器:>";
            cin>>sendbuf;
            if(strcmp(sendbuf,"bye")==0)
                break;
            sendto(sockSer,sendbuf,strlen(sendbuf)+1,0,(SOCKADDR *)&addrCli,len);
        }
        closesocket(sockSer);
        WSACleanup();
        return 0;
}
```

最后，编译并运行以上代码。

UDP程序和TCP程序有以下两个不同之处：

(1) socket()函数中第2个参数取值为SOCK_DGRAM。

(2) UDP的服务器端和客户端都只要创建一个套接字，而TCP程序服务器端必须创建两个套接字，因为accept()函数的参数是一个套接字，返回值是另一个套接字。

UDP程序和TCP程序的相同点是：服务器端都需要创建两个套接字地址(例如SOCKADDR_IN addrSer, addrCli)，而客户端都只需要一个套接字地址(sockaddr_in addrSer)。

5.2.2 客户端程序的编制

客户端程序的编制步骤如下：

(1) 新建工程，选择Win32 Console Application，输入工程名(如UDPCli)，单击“下一步”按钮，在Win32 Application对话框中选中“一个简单的Win32程序”单选按钮。

(2) 在UDPCli.cpp文件中输入如下代码：

```
#include "iostream.h"
#include "winsock2.h"
#pragma comment(lib, "ws2_32.lib ")
int main(){
```

```
    WSADATA wsaData;
    if(WSAStartup(MAKEWORD(2,2), &wsaData)) {
        cout<<"Winsock can not be init!"<<endl;
        WSACleanup();
        return 0;
    }
    SOCKET sockCli;
    sockCli=socket(AF_INET,SOCK_DGRAM,0);          //创建数据报套接字
    SOCKADDR_IN addrSer;                           //存放服务器端地址
    addrSer.sin_family=AF_INET;
    addrSer.sin_port=htons(5566);
    addrSer.sin_addr.S_un.S_addr=inet_addr("127.0.0.1");
    char sendbuf[256],recvbuf[256];
    int len=sizeof(SOCKADDR);
    while(1){
        cout<<"客户端:>";
        cin>>sendbuf;
        if(strcmp(sendbuf,"bye")==0)
            break;
        sendto(sockCli,sendbuf,strlen(sendbuf)+1,0,(SOCKADDR*)&addrSer,len);
        recvfrom(sockCli,recvbuf,256,0,(SOCKADDR*)&addrSer,&len);
        cout<<"服务器:>"<<recvbuf<<endl;
    }
    closesocket(sockCli);
    return 0;
}
```

最后，编译并运行以上代码。

思考：将客户端程序改为使用 connect()函数指定通信对端地址，并使用 send()和 recv()函数传输数据。

5.3 异步对等 UDP 通信程序实例

本节将采用异步通信模式和 UDP 制作一个对等通信程序。该通信程序中的各方都是完全相同的，因此只需编写一个程序，然后运行该程序若干次，并为各个程序副本绑定不同的端口号或 IP 地址，各个程序副本之间就能相互发送和接收消息。该程序的运行效果如图 5-4 所示，其中启动了 3 个程序副本。

该程序分为以下 4 个功能模块：

(1) 在窗口初始化消息 WM_INITDIALOG 中，初始化 WinSock 协议栈，并设置文本框默认显示的内容。

(2) 在"启动"按钮的消息中，创建数据报套接字，并将套接字设置为异步模式，然后将套接字绑定到文本框中设置的本机地址。

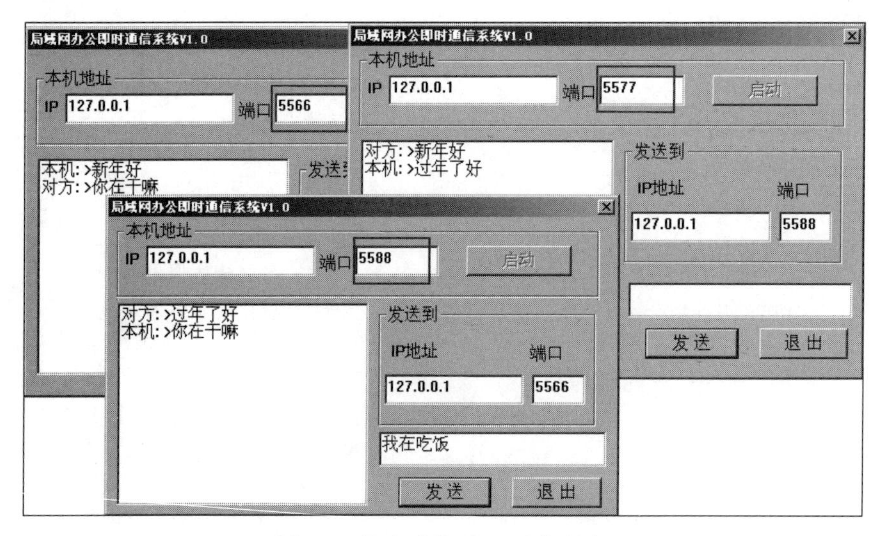

图 5-4　异步对等 UDP 通信程序

(3) 在“发送”按钮的消息中，获取“发送到”选项组中“IP 地址”和“端口”两个文本框中的对端地址，用 sendto()函数将数据内容发送出去，并将发送的数据内容显示在左侧的列表框中。

(4) 在自定义套接字消息 WM_SOCKET 的 FD_READ 事件中，用 recvfrom()函数接收数据，并将接收的数据内容显示在左侧的列表框中。

该程序的具体编制步骤如下：

(1) 新建工程，选择 Win32 Application，输入工程名(如 UDPCom)，然后选择“一个典型的 Hello World!程序”。

(2) 在工作空间窗口左侧选择 FileView 选项卡，找到对应的源文件(如 UDPCom.cpp)，将 WinMain()函数中 DialogBox()函数行(148 行)和 return 0;行保留，将其他代码全部删除，再将 DialogBox()函数中第 3 个参数 HWnd 改为 NULL。

(3) 切换到 ResourceView 选项卡，找到 Dialog 下的 IDD_ABOUTBOX，将对话框的界面改为如图 5-5 所示，并设置各个控件的 ID 值。

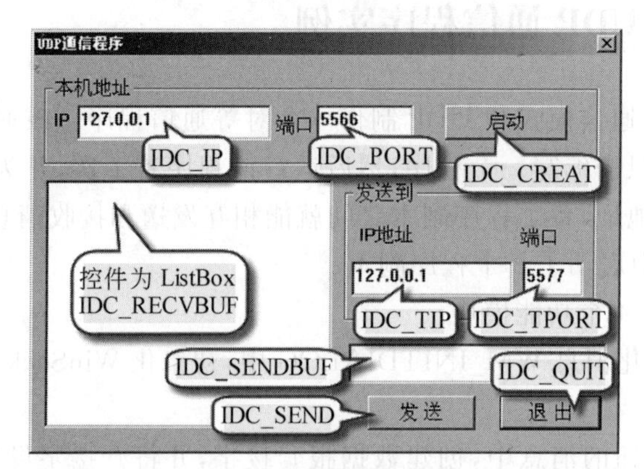

图 5-5　异步对等 UDP 通信程序界面及各控件 ID 值

(4) 打开 UDPCom. cpp 文件,编写如下代码:

```
#include "stdafx.h"
#include "resource.h"
#include <winsock2.h>
#pragma comment(lib, "ws2_32.lib ")
#define WM_SOCKET WM_USER+0x10            //自定义套接字消息
HINSTANCE hInst;
LRESULT CALLBACK About(HWND, UINT, WPARAM, LPARAM);
SOCKET Client, ServerSocket;              //创建两个套接字
SOCKADDR_IN addrSer,addrCli;              //创建两个套接字地址结构
int socklen;
int iIndex=0;
int len=sizeof(addrSer);
char sendbuf[256], recvbuf[256];          //发送和接收缓冲区
char clibuf[999]="对方:>", serbuf[999]="本机:>";
int APIENTRY WinMain (HINSTANCE hInstance, HINSTANCE hPrevInstance, LPSTR
lpCmdLine, int nCmdShow){
    DialogBox(hInst, (LPCTSTR)IDD_ABOUTBOX, NULL, (DLGPROC)About);
    return 0;
}
LRESULT CALLBACK About(HWND hDlg, UINT message, WPARAM wParam, LPARAM lParam){
    char port[5], ip[16];                 //本机端口和 IP 地址
    char tport[5], tip[16];
    int iErrorCode;
    switch(message) {
        case WM_INITDIALOG:               //对话框启动时
            SetDlgItemText(hDlg,IDC_IP,"127.0.0.1");     //设置本机 IP 地址
            SetDlgItemText(hDlg,IDC_PORT,"5566");
            SetDlgItemText(hDlg,IDC_TIP,"127.0.0.1");    //设置目的主机 IP 地址
            SetDlgItemText(hDlg,IDC_TPORT,"5577");
            EnableWindow(GetDlgItem(hDlg,IDC_SEND),FALSE);
            WSADATA wsaData;
            if(WSAStartup(MAKEWORD(2,2), &wsaData)) {    //初始化协议栈
                MessageBox(hDlg,"WinSock 初始化失败!","警告",0);
                WSACleanup();
        }
            return TRUE;
        case WM_COMMAND: {                          //处理单击按钮的消息
            switch(LOWORD(wParam)){
                case IDC_QUIT:                      //单击了"退出"按钮
                    closesocket(ServerSocket);      //关闭套接字
                    shutdown(ServerSocket,2);       //关闭套接字的另一种方法(可选)
                    WSACleanup();
```

```
        EndDialog(hDlg, LOWORD(wParam)); //关闭对话框
        return TRUE;
    case IDC_CREAT:                        //单击了"启动"按钮,创建套接字
        GetDlgItemText(hDlg,IDC_IP,ip,16);
        GetDlgItemText(hDlg,IDC_PORT,port,5);
        EnableWindow(GetDlgItem(hDlg,IDC_CREAT),FALSE);
        EnableWindow(GetDlgItem(hDlg,IDC_SEND),TRUE);
        ServerSocket=socket(AF_INET,SOCK_DGRAM,0);
        //设置套接字为异步模式
        iErrorCode=WSAAsyncSelect(ServerSocket,hDlg,WM_SOCKET,FD_
        READ | FD_CLOSE);
        if(iErrorCode==SOCKET_ERROR) {
            MessageBox(hDlg,"WSAAsyncSelect设定失败!","失败!",0);
            return 0;
        }
        addrSer.sin_family=AF_INET;
        addrSer.sin_port=htons(atoi(port));
        addrSer.sin_addr.S_un.S_addr=inet_addr(ip);
        //绑定本机地址
            if (bind (ServerSocket, (SOCKADDR * ) &addrSer, sizeof
            (addrSer))==SOCKET_ERROR) {
            MessageBox(hDlg,"绑定地址失败!","失败!",0);
            return 0;
        }
        break;
    case IDC_SEND:                                      //发送数据
        GetDlgItemText(hDlg,IDC_TIP,tip,16);            //获取对方IP地址
        GetDlgItemText(hDlg,IDC_TPORT,tport,5);
        addrCli.sin_family=AF_INET;
        addrCli.sin_port=htons(atoi(tport));
        addrCli.sin_addr.S_un.S_addr=inet_addr(tip);
        GetDlgItemText(hDlg,IDC_SENDBUF,sendbuf,256);
                                                        //获得发送框信息
        //发送数据
        sendto(ServerSocket,sendbuf,strlen(sendbuf)+1,0,(SOCKADDR *)
        &addrCli,sizeof(addrCli));
        SetDlgItemText(hDlg,IDC_SENDBUF,"");            //清空发送框
        strcat(serbuf,sendbuf);
        //将已发送的消息显示在列表框中
        SendDlgItemMessage(hDlg,IDC_RECVBUF,LB_ADDSTRING,0,
        (LPARAM)serbuf);
        strcpy(serbuf, "本机: >");
        break;
}
```

```
        case WM_SOCKET:                           //自定义套接字消息
            switch(WSAGETSELECTEVENT(lParam)) {
                case FD_READ: {                   //在可读事件中接收数据
                    int rcflag=recvfrom(ServerSocket,recvbuf,256,0,(sockaddr *)
                    &addrCli,&len);
                    if(rcflag==SOCKET_ERROR)
                        MessageBox(hDlg,"发送失败!对方程序没有启动","警告",0);
                    else{
                        strcat(clibuf,recvbuf);
                        //将接收到的消息显示在列表框中
                        SendDlgItemMessage(hDlg,IDC_RECVBUF,LB_ADDSTRING,0,
                        (LPARAM)clibuf);
                        strcpy(clibuf, "对方:>"); //将 clibuf 重新赋值
                    }
                }
                break;
                case FD_CLOSE: {                  //关闭连接事件
                    MessageBoxA(NULL, "正常关闭连接", "tip", 0);
                }
                break;
            }
            break;
        }
        break;
    }
    return FALSE;
}
```

思考：如果要利用 recvfrom()函数的第 5 个参数获取对方的 IP 地址和端口号，并显示在列表框中，应怎样改进程序？

5.4 UDP 广播消息的程序实例

TCP 是面向连接的协议，只支持点对点通信（也称为单播通信）；而 UDP 既支持点对点的单播通信，也支持多播或广播通信。

UDP 的一个优点是支持广播通信。所谓广播，是指一台主机能同时与网络中其余所有主机进行数据交互的通信方式，发送方通过一次数据发送就可以使网络中的所有主机都接收到这个数据。采用广播通信的主要目的是减少网络数据流量或者在网络中查找指定的主机或资源。

要编程实现广播数据的发送，需要使用数据报套接字，但数据报套接字在默认情况下是不能广播数据的，要实现广播通信，还必须先使用 setsockopt()函数对套接字的选项进行设置。

5.4.1 设置套接字选项

套接字选项包括套接字接收缓冲区的大小、是否允许发送广播数据、是否要加入一个多播组等。

一般情况下,套接字选项的默认值能够满足大多数应用的需求,不必做任何修改。但有些时候为了使套接字能够满足某些需求,例如希望套接字能发送广播数据,就必须对套接字的选项值作出更改。

1. setsockopt()函数

setsockopt()函数专门用于设置套接字选项,它可用于任意类型、任意状态的套接字的选项值设置。而 getsockopt()函数则用来获取一个套接字的选项值。

setsockopt()函数的原型如下:

```
int setsockopt(int sockfd, int level, int optname, const char * optval, int opteln);
```

要使数据报套接字能发送广播数据,应将参数 level 设置为 SOL_SOCKET,将参数 optname 设置为 SO_BROADCAST,将参数 optval 设置为 TRUE。需要说明的是,SO_BROADCAST选项只对数据报套接字和原始套接字有效。

下面的代码将一个创建好的数据报套接字设置为允许发送广播数据:

```
BOOL yes=TRUE;
int ret=setsockopt(sockDG, SOL_SOCKET, SO_BROADCAST, (char *)&yes, sizeof(BOOL));
```

2. 广播数据的发送与接收

发送广播数据同样使用 sendto()或 send()函数,特殊的一点是发送的目的地址应设置为广播地址。

如果目的地址为某一指定网络,则 IP 地址为一个直接广播地址;如果目的地址为本网络,则 IP 地址可以使用有限广播地址 255.255.255.255。编写程序时,有限广播地址一般用宏 INADDR_BROADCAST 表示。

除 IP 地址需要设为广播地址外,还必须指定接收者所用的 UDP 端口号,该端口号必须与接收端用于接收广播数据的数据报套接字所绑定的端口号一致,否则接收端将接收不到广播数据。下面是一个设置广播地址并发送广播数据的例子:

```
sockDG=socket(AF_INET, SOCK_DGRAM,0);            //创建数据报套接字
SOCKADDR_IN toaddr;                              //接收端套接字地址
toaddr.sin_family=AF_INET;
toaddr.sin_port=htons(5566);                     //接收端在 5566 端口上接收广播消息
toaddr.sin_addr.S_un.S_addr=INADDR_BROADCAST;    //设置广播地址
```

```
char sendBuf[]="这是一个广播消息";
int len=sizeof(sendBuf);
sendto(sockDG,sendBuf,len,0,(sockaddr *)&toaddr,sizeof(toaddr);
                                                //发送广播消息
```

接收端接收广播数据与接收普通数据的流程完全一样，只是需要注意，用于接收广播数据的套接字绑定的 IP 地址必须是 INADDR_ANY 或 INADDR_BROADCAST，而不能是分配给本机的某个单播 IP 地址。下面的代码用来接收广播数据：

```
sockCLI=socket(AF_INET, SOCK_DGRAM,0);
addr.sin_addr.s_addr=htonl(INADDR_ANY);          //接收广播数据的 IP 地址
addr.sin_family=AF_INET;                          //指定协议簇为 AF_INET
addr.sin_port=htons(5566);                        //指定 UDP 端口号
bind(sockCLI,(LPSOCKADDR)&addr,sizeof(addr));
recvfrom(sockCLI, recvBuf, sizeof (recvBuffer), 0, (sockaddr * ) &addr, &sizeof
(addr));
```

3. 为 UDP 通信程序增加错误检测功能

1) 增加序号

UDP 是不可靠的传输协议，UDP 数据包在网络传输中可能丢失，也可能乱序。要解决这个问题，一种简单的办法是在每个发出的数据包中都添加一个序号，接收方收到数据包后，如果发现序号不连续，就可断定发生了丢包现象，然后将接收到的数据包按序号进行排序连接，就可避免数据包乱序。

增加序号的另一个作用是：UDP 是无连接协议，任何主机都可向另一台主机发送信息，这就有可能发生主机 B 冒充主机 A 向主机 C 发送信息的情况，为避免这种情况，主机 C 可在每个数据包中增加一个唯一的序号，要求服务器(主机 A)在返回给自己的应答数据包中回射这个序号(即对该序号做一个数学变换后返回给主机 C)，这样主机 C 就可以验证某个给定的数据包是否匹配早先发出的应答了。

2) 处理超时和重传

由于 UDP 是不可靠的传输协议，如果 UDP 报文丢失，而接收方仍然在 recvfrom() 函数调用上阻塞等待，应用程序就无法从该系统调用返回，处于“失去响应”的状态。

为了避免这种情况的发生，可以通过设置 setsockopt()函数的 SO_RCVTIMEO 选项来增加对 recvfrom()的超时判断，示例代码如下：

```
nTimeout=1000;          //设置超时时间为 1000ms
setsockopt (sockfd, SOL _ SOCKET, SO _ RCVTIMEO, (char * ) &nTimeout, sizeof
(nTimeout));
```

这样修改后，当 recvfrom()函数的超时时间到了，即使没有接收到应答数据，recvfrom()函数也会立即返回。

5.4.2 UDP广播通信程序的编制

本节编制一个对等模式的UDP广播通信程序。通信中的各方都是完全相同的，因此只需编写一个程序，然后启动多个程序副本，这些程序副本之间既能相互发送单播信息，也能发送广播信息，并采用了异步通信模式。该程序的运行效果如图5-6所示。

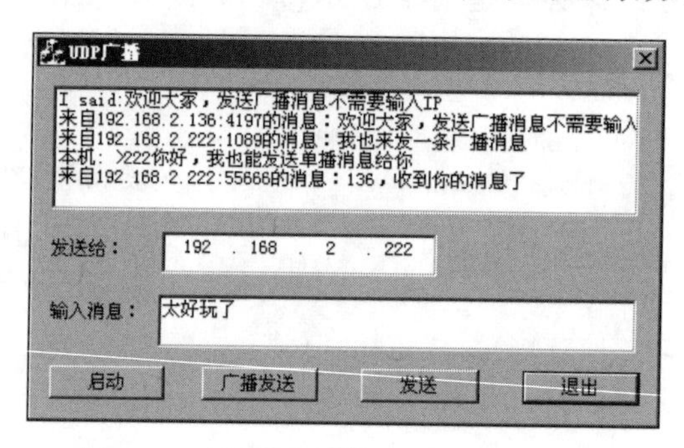

图5-6　对等模式的UDP广播通信程序

注意：该对等模式的UDP广播通信程序必须在两台及以上计算机上才能运行，不能在一台计算机上启动该程序的多个副本，否则会导致端口号冲突。

1. UDP广播通信程序的实现原理和流程

该程序制作的关键是必须创建两个UDP套接字，其中，套接字brdsock仅用于发送广播数据，而套接字sock用于发送单播数据以及接收单播和广播数据。由于发送端发送广播数据的端口号必须与接收端接收广播数据的端口号一致，故该程序的各个副本只能使用相同的端口号进行通信，因此该程序的各个副本必须运行在不同的计算机上，才不会引起端口号冲突。

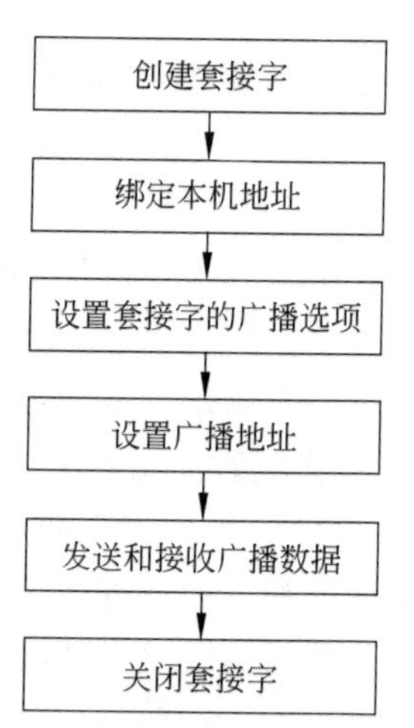

图5-7　UDP广播通信程序的流程

该程序流程如图5-7所示，程序的功能模块如下：

(1) 在“启动”按钮的消息中，创建两个数据报套接字，设置套接字brdsock的广播属性，并为套接字sock注册FD_READ事件，事件发生时将发送WM_RECVMESSAGE消息。

(2) 在“发送”按钮的消息中，获取“发送给”文本框中的对端地址，使用sock套接字的sendto()函数将数据内容发送出去，并将发送的数据内容显示在上部的列表框中。

(3) 在“广播发送”按钮的消息中，设置发送地址为广播地址，用brdsock套接字的sendto()函数将数据内容发送出去，并将发送的数据内容显示在上部的列表框中。

(4) 在自定义套接字消息WM_RECVMESSAGE的FD_READ事件中，用sock套接字的recvfrom()函数接收数据，并将接收的数据内容显示在上部的列表框中。

提示：

(1) 对于广播通信程序来说，如果只需要发送广播数据，则可以不绑定本机地址；但如果还需要接收广播数据，则必须绑定本机地址。

(2) 只有发送广播数据时才需要设置套接字的广播选项，而接收广播数据是不需要设置广播选项的，也就是说，一个普通的数据报套接字既可以接收单播数据也可以接收广播数据。

(3) 如果要限制数据报套接字只能接收广播数据，则需要将该套接字绑定的IP地址设置为INADDR_BROADCAST。

2. UDP广播通信程序的编制步骤

该程序采用MFC框架编制，建议读者先学习第6章再来看该程序。程序的具体编制步骤如下：

(1) 新建工程，选择MFC APPWizard(exe)，创建一个MFC程序，输入工程名(如UDP广播)，单击“下一步”按钮，在“MFC应用程序向导”对话框的步骤1选择“基本对话框”单选按钮，在步骤2勾选Windows Sockets复选框。

(2) 在工作空间窗口ResourceView选项卡中找到Dialog下的IDD_UDP_DIALOG，设置对话框的界面及各个控件的ID值，如图5-8所示。

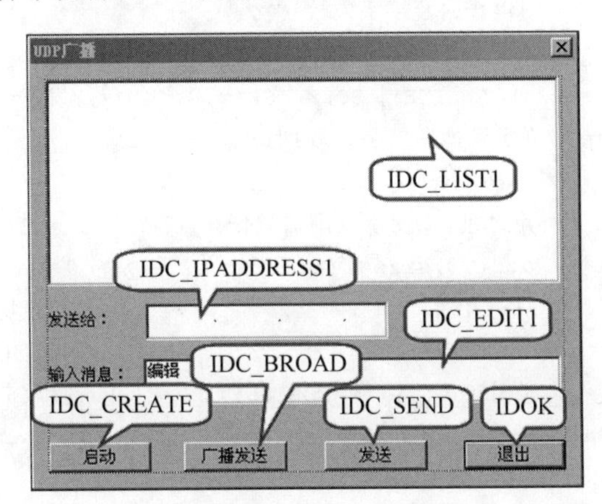

图5-8 UDP广播通信程序的界面和各控件ID值

(3) 按Ctrl+W键，或者在对话框界面上右击，在快捷菜单中选择“建立类向导”命令，在MFC ClassWizard对话框的Member Variables选项卡中为控件设置成员变量，如图5-9所示。

(4) 在*dlg.h头文件中声明两个套接字和套接字地址。其中，brdsock专门用于发送广播数据，而sock用于发送单播数据以及接收单播和广播数据。代码如下：

```
class CUDPDlg : public CDialog{
public:
    CUDPDlg(CWnd* pParent=NULL);        //标准构造函数
    SOCKET sock,brdsock;
```

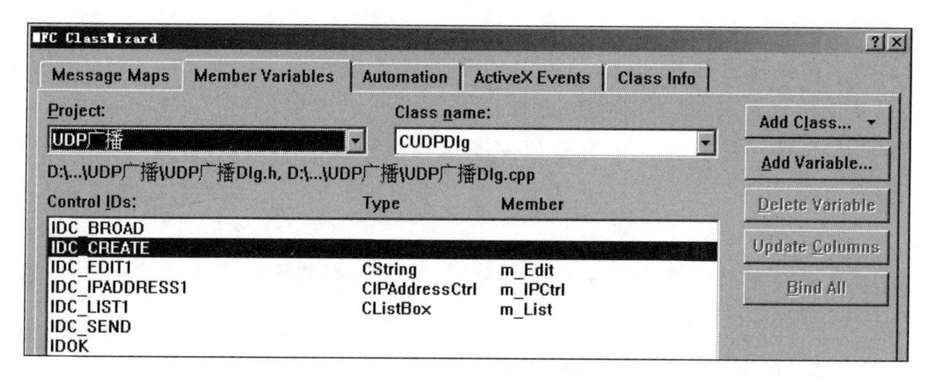

图 5-9　设置成员变量

```
    struct sockaddr_in addr,fromaddr;
    ...
}
```

(5) 在 UDP 广播通信程序界面上双击“启动”按钮，为该按钮编写如下代码：

```
void CUDPDlg::OnCreate() {
    if((sock=socket(AF_INET, SOCK_DGRAM,0))<0) {    //接收和发送单播数据
        MessageBox("创建普通套接字失败!");
    }
    if((brdsock=socket(AF_INET, SOCK_DGRAM,0))<0){//发送广播数据的套接字
        MessageBox("创建广播套接字失败!");
    }
    //给数据报套接字绑定地址,以便接收广播数据
    memset((void *)&addr,0,sizeof(addr));           //将 addr 的各字段值全部置 0
    addr.sin_family=AF_INET;                        //指定协议簇为 AF_INET
    addr.sin_port=htons(PORT);                      //指定 UDP 端口号
    addr.sin_addr.s_addr=htonl(INADDR_ANY);         //接收广播数据的套接字地址
    if(bind(sock,(LPSOCKADDR)&addr,sizeof(addr))!=0) {
        MessageBox("绑定失败!");
        closesocket(sock);
    }
    //设置广播套接字 brdsock 的广播属性,使之能发送广播数据
    BOOL yes=TRUE;
    int ret=setsockopt(brdsock,SOL_SOCKET,SO_BROADCAST,(char *)&yes, sizeof
    (BOOL));
    //为 sock 注册 FD_READ 事件,事件发生时将发送 WM_RECVMESSAGE 消息
    if(WSAAsyncSelect(sock, m_hWnd,WM_RECVMESSAGE,FD_READ)!=0) {
        MessageBox("套接字异步事件注册失败!");
        closesocket(sock);
    }
}
```

(6) 在程序界面上双击“广播发送”按钮，为该按钮编写如下代码：

```
void CUDPDlg::OnBroad() {
    UpdateData(true);                          //将输入的数据由控件传向控件变量
    struct sockaddr_in toaddr;                 //存放目的 IP 地址的结构变量
    memset((void *)&toaddr,0,sizeof(addr));    //将 toaddr 的各字段值全部置 0
    toaddr.sin_family=AF_INET;                 //指定协议簇为 aAF_INET
    toaddr.sin_addr.s_addr=INADDR_BROADCAST;   //指定发送地址为广播地址
    toaddr.sin_port=htons(PORT);
    m_List.AddString("I said:"+m_Edit);        //将要发送的内容添加到列表框控件中
    //用 brdsock 套接字发送数据到所有广播地址
    sendto(brdsock,m_Edit,m_Edit.GetLength(),0,(sockaddr *)&toaddr,sizeof
    (toaddr));
}
```

(7) 在程序界面上双击“发送”按钮，为该按钮编写如下代码：

```
void CUDPDlg::OnSend() {
    UpdateData(true);                          //将输入的数据由控件传向控件变量
    struct sockaddr_in toaddr;                 //存放目的 IP 地址的结构变量
    DWORD bwaddr;                              //存放目的 IP 地址的变量
    m_IPCtrl.GetAddress(bwaddr);              //由控件变量 m_IPCtrl 获取目的 IP 地址
    memset((void *)&toaddr,0,sizeof(addr));    //将 toaddr 的各字段值全部置 0
    toaddr.sin_family=AF_INET;                 //指定协议簇为 AF_INET
    toaddr.sin_addr.s_addr=htonl(bwaddr);
    toaddr.sin_port=htons(PORT);
    m_List.AddString("本机：>"+m_Edit);        //将要发送的内容添加到列表框控件中
    //用 sock 套接字发送单播数据到通信对端
    sendto(sock,m_Edit,m_Edit.GetLength(),0,(sockaddr *)&toaddr,sizeof
    (toaddr));
}
```

(8) 实现异步接收功能。这需要自定义一个消息，然后声明消息处理函数，最后在消息处理函数中用 recvfrom()函数接收发来的数据，并把数据显示到列表框中。具体步骤如下：

① 自定义消息：

```
#define WM_RECVMESSAGE   WM_USER+100
```

② 声明消息处理函数：

```
afx_msg LRESULT OnRecvmessage(WPARAM wParam, LPARAM lParam);
```

注意：第①、②步都在 *dlg.h 头文件中编写。

③ 在消息映射(从 BEGIN_MESSAGE_MAP 到 END_MESSAGE_MAP)中将自定义消息与消息映射函数绑定在一起：

```
ON_MESSAGE(WM_RECVMESSAGE, OnRecvmessage)
```

④ 编写消息处理函数的代码，主要功能是接收数据并把数据显示到列表框中。

```
afx_msg LRESULT CUDPDlg::OnRecvmessage(WPARAM wParam, LPARAM lParam){
    char recvBuffer[1000];
    CString str;
    int len=sizeof(fromaddr);  //recvfrom()函数中的最后一个参数,必须赋初值
    //用 sock 套接字接收单播和多播数据
    int size=recvfrom(sock,recvBuffer,sizeof(recvBuffer),0,(sockaddr*)
    &fromaddr, &len);
    if(size>0)    {
        recvBuffer[size]='\0'; //在字符串末尾添加字符串结束符'\0'
        str.Format("来自%s:%d的消息: %s", inet_ntoa (fromaddr.sin_addr), ntohs
        (fromaddr.sin_port),recvBuffer);
        m_List.AddString(str);
}                                    //添加到列表框控件中
    return 0;
}
```

注意：第③、④步都在*dlg.cpp文件中编写。

说明：本例使用了IPADDRESS控件，该控件专门用来供用户输入IP地址。要获取用户输入的IP地址，只要为该控件绑定一个控件变量，就可使用该控件的GetAddress()方法获取IP地址了。

习题

1. 在UDP通信程序中，如果要使用recv()和send()函数收发数据，则必须先调用(　　)函数。

A. listen()　　B. accept()　　C. connect()　　D. sendto()

2. 要将数据报套接字设置为允许发送广播数据，需要使用________函数。

3. 数据报套接字在发送广播数据时应将接收方的IP地址设置为________。

4. 在UDP通信程序中，如何获取对方的IP地址和端口号?

5. 在UDP通信程序中，如何检测接收的数据是否发生丢包?

6. 发送广播数据和接收广播数据能否使用同一个套接字? 为什么?

7. 在UDP通信中使用connect()函数主要起什么作用? 这与在TCP通信中使用connect()函数的主要区别是什么?

8. 数据报套接字不必绑定本机地址就可发送消息，因此接收者难以知道是谁发送的消息，这种说法是否正确? 为什么?

9. 使用getpeername()函数，修改5.3节中的对等模式UDP通信程序，使通信各方在接收到对方消息后能显示对方的IP地址。

第 6 章　MFC 网络编程

虽然使用 Win32 API 能开发 Windows 界面程序，但目前用 Visual C++ 开发 Windows 程序的主流方法仍然是使用 MFC。使用 MFC 编程能大大简化 Windows 应用程序界面和网络功能的开发。

6.1　MFC 概述

为了帮助开发者处理那些例行的而又复杂、烦琐的各种 Windows 操作，例如各种窗口、工具栏、菜单的生成和管理等，微软公司以 C++ 类的形式提供了一套基础类库——MFC(Microsoft Foundation Classes，微软基础类)。MFC 把传统的 Win32 API 中绝大部分内容(如函数和变量)封装成各种类，并且包含了一个应用程序框架，其中的类包含大量的 Windows 句柄封装类和很多 Windows 的内建控件和组件的封装类，使程序员能以面向对象的方法开发 Windows 应用程序，并能减少开发人员的工作量。

6.1.1　MFC 中的类

MFC 中最重要的封装是对 Win32 API 函数的封装。通常把 Win32 中用句柄表示的 Windows 操作系统对象统称为 Windows 对象。而 MFC 对象是 C++ 对象，是一个 MFC 类的实例，也就是封装了 Windows 对象的 C++ 对象。

MFC 是非常庞大的，MFC 6.0 中共有 100 多个类，每个类中又有很多个函数。MFC 类是以层次结构组织的，所有的类名都以大写字母 C 开头。MFC 类的层次结构如图 6-1 所示。

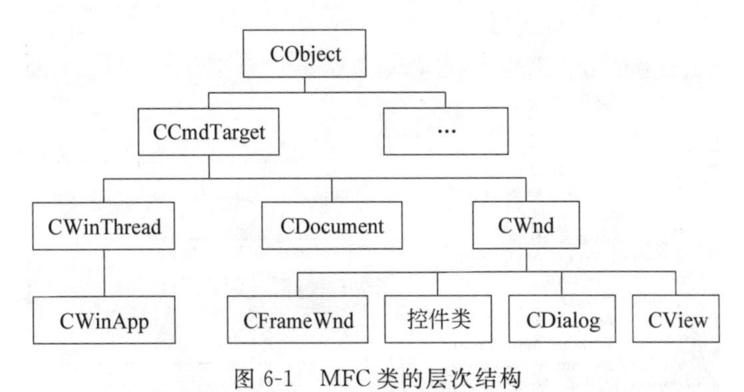

图 6-1　MFC 类的层次结构

CObject 类是 MFC 的抽象基类(不能派生对象)，是 MFC 中多数类和用户自定义类的根类，它为程序员提供了许多公共操作和基本服务。

CWinApp类代表程序本体,一个应用程序就是CWinApp类的派生类的一个实例,例如:

```
class CAsyFileSerApp : public CWinApp{…}      //创建 CWinApp 类的派生类
CAsyFileSerApp theApp;                        //声明该派生类的一个实例
```

CDialog类代表对话框,一个对话框就是CDialog类的派生类的一个实例,例如:

```
class CAsyFileSerDlg : public CDialog{…}      //创建 CDialog 类的派生类
CAsyFileSerDlg dlg;                           //声明该派生类的一个实例
```

在MFC中,把每个基本控件(如按钮、编辑框)都封装成了一个类。用户在对话框中每添加一个控件,Visual C++ 就会在代码中声明一个该控件类的实例,例如:

```
CButton c_create;         //声明按钮类的一个实例,即创建一个按钮
CEdit c_port;             //声明编辑框类的一个实例,即创建一个编辑框
```

除此之外,为了方便对字符串的操作,MFC还提供了CString类。用CString类声明一个实例就创建了一个CString类型的字符串,例如:

```
CString m_ip, m_port;     //声明两个 CString 类型的字符串
m_ip=m_ip+m_port;         //连接 CString 类型的字符串只需用加号(+)
```

6.1.2 MFC程序的结构

1. 创建MFC工程

在Visual C++ 中执行菜单命令"文件"→"新建",将弹出如图6-2所示的"新建"对话框。在"工程"选项卡左边的列表中选择MFC APPWizard(exe),在"工程名称"文本框中输入工程名称(如MFCdemo),单击"确定"按钮,弹出"MFC应用程序向导"对话框,如图6-3所示,选择"基本对话框"单选按钮,然后单击"完成"按钮,就可新建一个对话框程序。

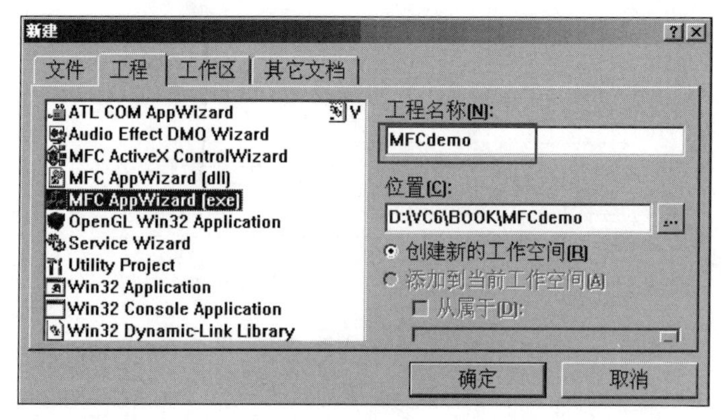

图6-2 "新建"对话框

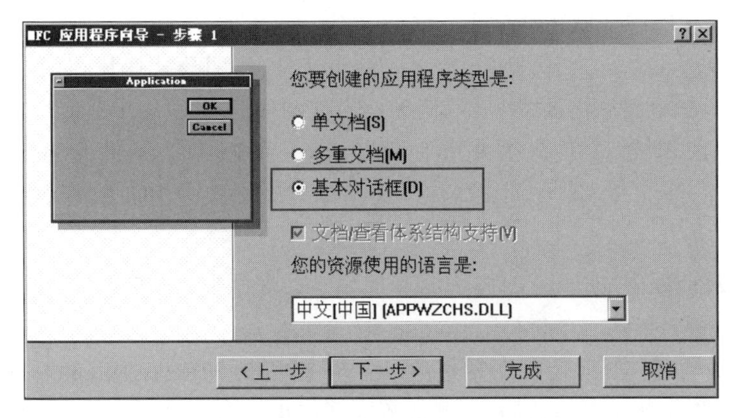

图 6-3 "MFC 应用程序向导"对话框

2. MFC 程序的文件结构

Visual C++ 在创建 MFC 工程时会默认生成两个类,即应用程序类和对话框类。本例是 CMFCdemoApp 和 CMFCdemoDlg,如图 6-4 所示。在如图 6-5 所示的文件视图中,MFCdemo.cpp 和 MFCdemo.h 对应 CMFCdemoApp 类,它们共同构成了该类的代码实现;MFCdemoDlg.h 和 MFCdemoDlg.cpp 对应 CMFCdemoDlg 类,是该类的代码实现。

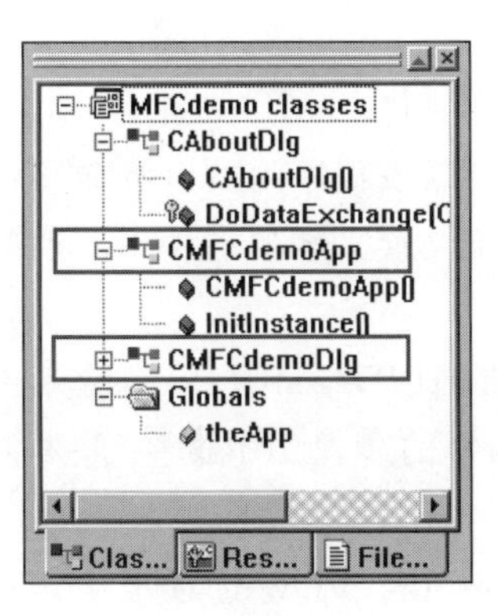

图 6-4 类视图

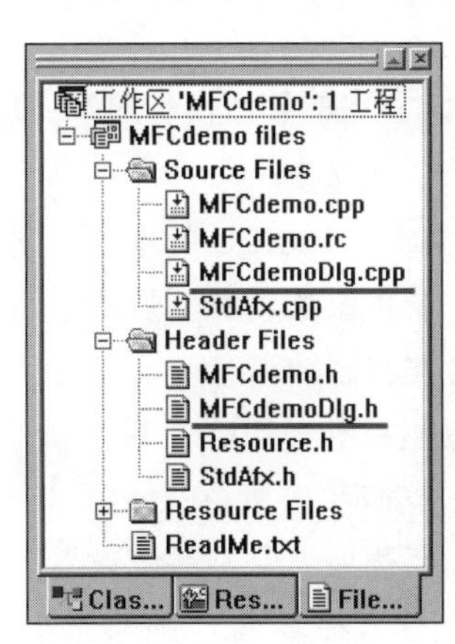

图 6-5 文件视图

除此之外,类视图中还有一个 CAboutDlg 类,它是 Visual C++ 自动创建的,对应"关于"对话框。在新建 MFC 工程时,在 MFC 应用程序向导的第 2 步,如果取消勾选"关于对话框"复选框,则类视图中不会有这个类。在一般情况下,不需要理会该类。

在 MFC 中,默认生成的类或用户新建的类都会由两个文件(即后缀为.h 的头文件和后缀为.cpp 的源文件)来实现。这样做的好处是,可以把类的声明和函数、公共变量的声明都放在头文件中,而在源文件中专门编写程序的实现代码(包括初始化、消息映射等代码),从而使程序结构清晰、代码规范。

编写 MFC 程序的一般步骤如下：

(1) 在 *Dlg.h 头文件中引用其他需要的头文件，声明公共变量和函数。

(2) 在对话框中添加需要的控件，例如编辑框和按钮等。

(3) 按 Ctrl+W 键打开 MFC 的类向导对话框，为控件绑定控件变量或值变量。

(4) 在 *Dlg.cpp 文件中，在对话框的初始化函数 OnInitDialog()中对界面进行初始化工作。

(5) 双击对话框中的按钮控件，为其添加消息处理函数，在消息处理函数中对单击按钮的事件消息进行编程。

其中，第(3)步是 MFC 编程所特有的一个步骤，因为 MFC 采用 DDX/DDV 数据交换技术，只需用一个函数 UpdateData()就能将对话框中所有控件的内容分别传递给对应的值变量或者将值变量中的值传递给对应的控件。

第(5)步也是 MFC 编程和 Win32 API 编程的不同之处。当在对话框上双击按钮等控件时，会自动为该控件的默认事件添加消息映射函数。例如，当双击按钮控件时，将为按钮控件的单击事件添加消息映射函数，接下来即可方便地将事件处理程序写在该函数中。

由于 MFC 的工程默认就有 *Dlg.h 头文件，开发者可把需要使用的公共变量和函数都写在该文件中，把需要引用的头文件也放在该文件中，这样可以使代码更加规范。

6.2 MFC 版本的计算器程序

图 6-6 是一个 MFC 版本的计算器程序界面，本节以该程序为例讲解 MFC 程序的编制步骤，重点是添加成员变量和消息处理函数、获取和设置文本框的值、设置和获取组合框的值、为按钮添加消息等的方法。制作步骤如下：

(1) 创建一个 MFC 工程。新建工程，选择 MFC APPWizard(exe)，输入工程名(如 MY)，单击"确定"按钮，在"MFC 应用程序向导"对话框的步骤 1 中选择"基本对话框"单选按钮，其余选项均保持默认设置，单击"完成"按钮。

(2) 制作程序界面。在工作空间窗口左侧的 ResourceView 选项卡中，双击 Dialog 下的 IDD_MY_DIALOG，将程序的界面改为如图 6-6 所示，各个控件 ID 值如图 6-7 所示。

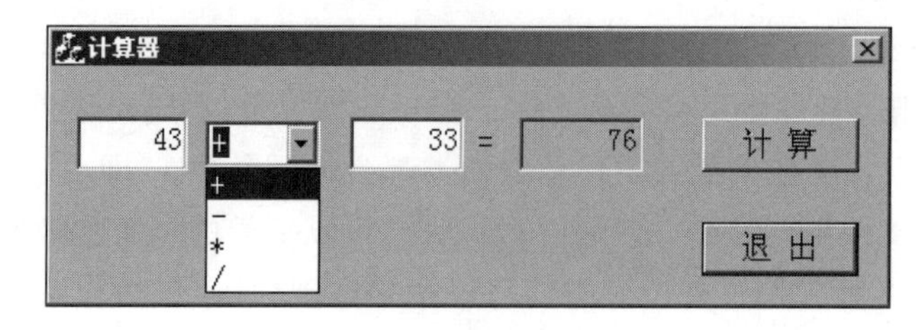

图 6-6　计算器程序界面

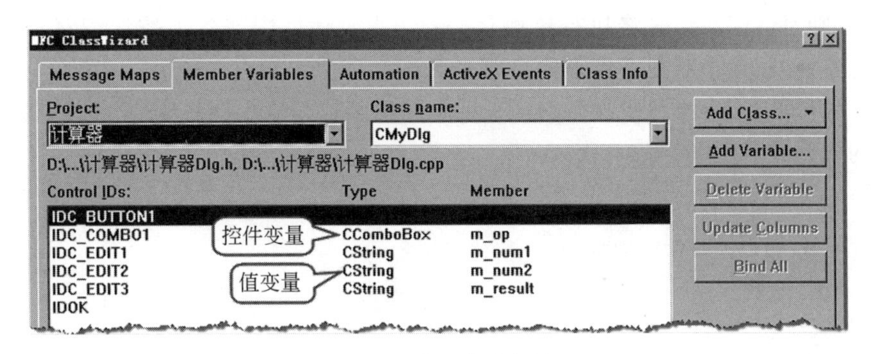

图6-7　设置成员变量

6.2.1　设置成员变量

本节为程序界面中的控件设置成员变量，方法是：按Ctrl+W键，或者在程序界面上右击，在快捷菜单中选择"建立类向导"命令，在Member Variables选项卡中为控件设置成员变量，如图6-7所示。

在MFC中，设置成员变量是编程中的一个重要步骤，因为成员变量可将控件和变量绑定在一起。成员变量可分为值变量和控件变量两类。

(1) 值变量用于获取或设置控件的值。例如：

```
CString m_num1;
```

(2) 控件变量是该控件所属类的一个实例(对象)，可以通过控件变量对该控件进行一些设置，例如调用该控件的属性和方法。示例代码如下：

```
CListBox m_recvbuf;    //m_recvbuf 是控件变量,可以使用 CListBox 的 AddString()方法
m_recvbuf.AddString(sendbuf);
```

所有成员变量的声明都在*Dlg.h文件的CMYDlg类中。

可见，值变量就是普通变量，可以直接使用；而控件变量是一个对象，只能用"控件变量.函数()"或"控件变量.属性"的形式来使用。

对控件设置了值变量之后，该控件就和这个值变量绑定到了一起。以后就可以将用户在控件中输入的内容传递给值变量，或将值变量的值传递给控件，方法如下：

(1) 获取控件的值。通过UpdateData()函数可以将控件中的内容传递到该值变量中，这样就获取了控件的内容并保存在值变量中。

(2) 设置控件的值。通过UpdateData(FALSE)函数可以将值变量的值传递到对应的控件中，这样就能设置控件显示的内容了。

6.2.2　编写代码

对于Windows对话框程序来说，编写代码主要分为两步：①为对话框的初始化编写

程序代码，则对话框启动时将执行这些代码；②为对话框中的各个按钮编写程序代码。按照该思路，编写计算器程序代码的步骤如下：

(1) 在 * Dlg.cpp 文件中找到对话框的初始化函数 OnInitDialog()，在其中添加填充组合框的代码：

```
BOOL CMyDlg::OnInitDialog(){                          //对话框初始化函数
    CDialog::OnInitDialog();
    int nIndex;
    CString str[4]={"+","-","*","/"};
    for(int i=0;i<4;i++){
        nIndex=m_op.AddString(str[i]);                //为组合框填充四则运算符
        m_op.SetItemData(nIndex,i);
    }
    ...
}
```

(2) 在对话框界面上双击"计算"按钮，添加如下代码：

```
void CMyDlg::OnButton1() {                            //"计算"按钮
    char temp[8];
    UpdateData();                                     //获取对话框中各文本框的值
    int result;
    int nIndex=m_op.GetCurSel();                      //获取组合框中的选中项
    if(nIndex==0)
        result=atoi(m_num1)+atoi(m_num2);
    if(nIndex==1)
        result=atoi(m_num1)-atoi(m_num2);
    if(nIndex==2)
        result=atoi(m_num1) * atoi(m_num2);
    if(nIndex==3)
        result=atoi(m_num1)/atoi(m_num2);
    m_result=itoa(result,temp,10);
    UpdateData(FALSE);                                //设置对话框中各文本框的值
    //m_result.Format("%d",result);
    //m_res.SetWindowText(m_result);                  //m_res 是控件变量
}
```

提示：在 MFC 中，如果在 MFC ClassWizard 对话框中为某个控件添加了成员变量，则一定不能仅在程序界面中删除该控件，还必须在 * Dlg.cpp 文件的 DoDataExchange() 函数中删除该控件与成员变量建立关联的代码，例如：

```
DDX_Control(pDX, IDOK, m_str1);
```

如果为该控件绑定了消息处理函数，还必须在消息映射中删除该控件绑定的消息处理函数，如 ON_BN_CLICKED(IDC_SEND, OnSend)。

6.2.3 在 Visual Studio 2010 中新建 MFC 程序

MFC 计算器程序

1. 新建 MFC 程序

在 Visual Studio 2010 中新建 MFC 程序的步骤如下：

(1) 执行菜单命令“文件”→“新建”→“项目”，弹出如图 1-6 所示的“新建项目”对话框，在左侧选择 Visual C++，在右侧选择“MFC 应用程序”，在下方“名称”文本框中输入项目名称。

(2) 单击“下一步”按钮，在如图 6-8 所示的“MFC 应用程序向导”对话框中，选择“基于对话框”单选按钮，取消勾选“使用 Unicode 库”复选框。单击“完成”按钮，就新建了一个 MFC 程序。

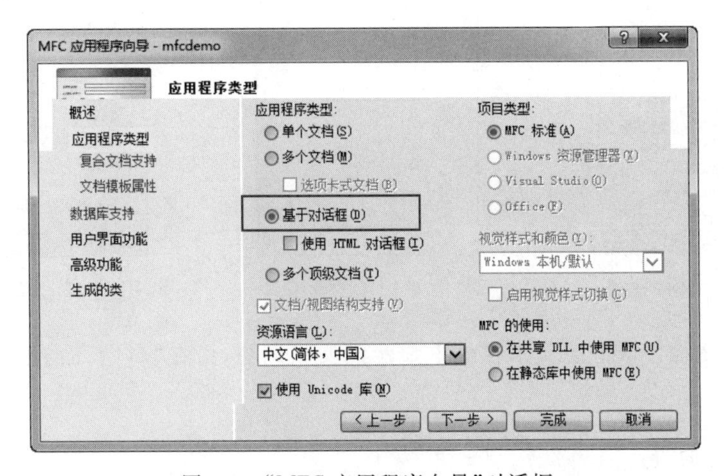

图 6-8 “MFC 应用程序向导”对话框

2. 各种视图和面板的操作

在 Visual Studio 2010 中，打开类视图、资源视图和文件视图(也称解决方案资源管理器)的方法如下：

- 执行菜单命令“视图”→“类视图”，可打开如图 6-9 所示的类视图。
- 执行菜单命令“视图”→“其他窗口”→“资源视图”，可打开如图 6-10 所示的资源视图。

图 6-9 类视图

图 6-10 资源视图

- 执行菜单命令“视图”→“解决方案资源管理器”，可打开如图 6-11 所示的文件视图。

在图 6-10 所示的资源视图中，双击 Dialog 下的 IDD_MFCDEMO_DIALOG，可打开对话框编辑器。在对话框上添加控件的步骤如下：

（1）在如图 6-12 所示的工具箱中，选择 Edit Control 并将其拖动到对话框上，就添加了一个编辑框。

（2）设置属性。在如图 6-13 所示的“属性”面板中，在 ID 属性中可修改控件的 ID。

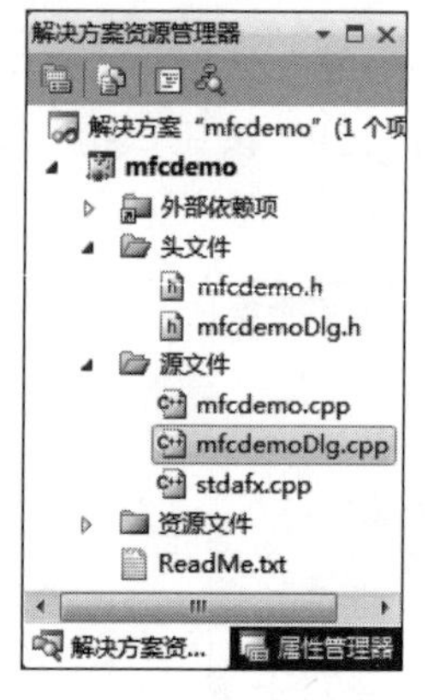

图 6-11　文件视图

图 6-12　工具箱

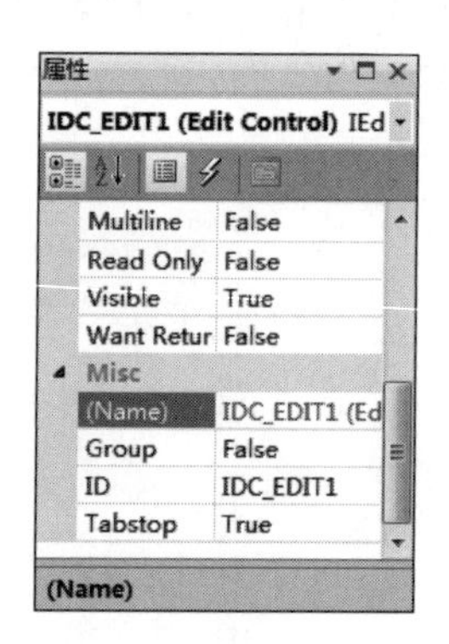

图 6-13　“属性”面板

要设置按钮控件或静态文本控件上显示的文本内容，可在“属性”面板中修改 Caption 属性的值。

3. MFC 类向导

在对话框的资源视图上右击，在快捷菜单中选择“类向导”命令，将打开如图 6-14 所示的“MFC 类向导”对话框。

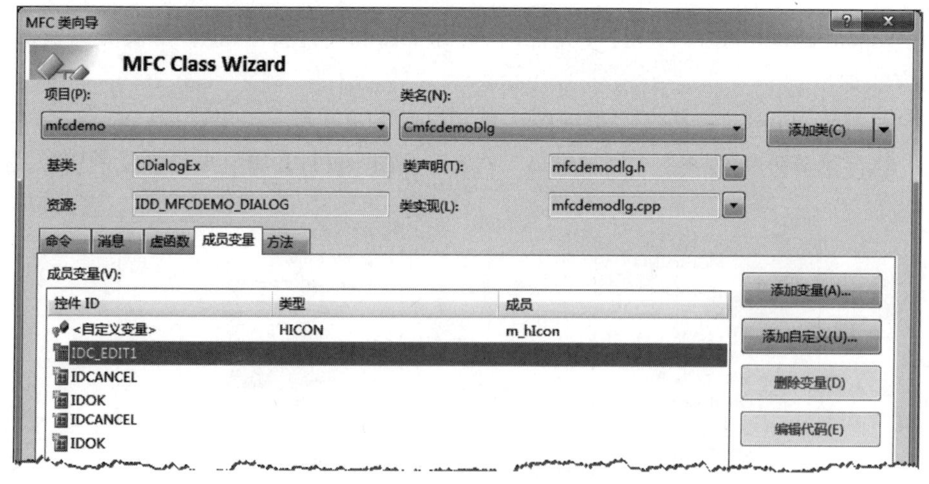

图 6-14　“MFC 类向导”对话框

在某个控件的 ID 上双击，可为该控件添加成员变量，包括控件变量和值变量。

在图 6-14 中切换到“消息”选项卡，双击某个消息，可以添加消息处理函数。

6.3 MFC 版本的 TCP 异步通信程序实例

在 4.2 节中使用 Win32 API 方法制作了一个 TCP 异步通信程序。本节将 4.2 节的程序用 MFC 框架重新编写，改写后程序的界面如图 6-15 所示，其功能与 4.2 节程序的功能完全相同。

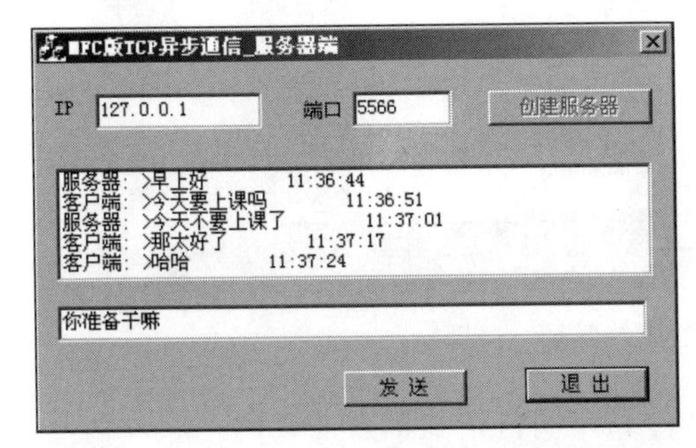

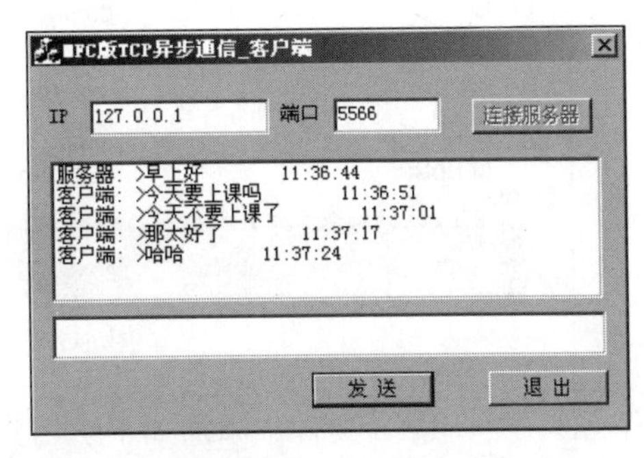

图 6-15 MFC 版本的 TCP 异步通信程序界面

6.3.1 服务器端程序的编制

MFC 版 TCP
服务器程序

服务器端程序的编制步骤如下：

(1) 创建一个 MFC 工程。新建工程，选择 MFC APPWizard(exe)，输入工程名(如 TCPzdy)，单击“下一步”按钮，在“MFC 应用程序向导”对话框的步骤 1 选择“基本对话框”单选按钮，单击“完成”按钮。

(2) 在工作空间窗口的 ResourceView 选项卡中，找到 Dialog 下的 IDD_TCPZDY_DIALOG，将服务器端程序界面改为如图 6-16 所示，并设置各个控件的 ID 值。

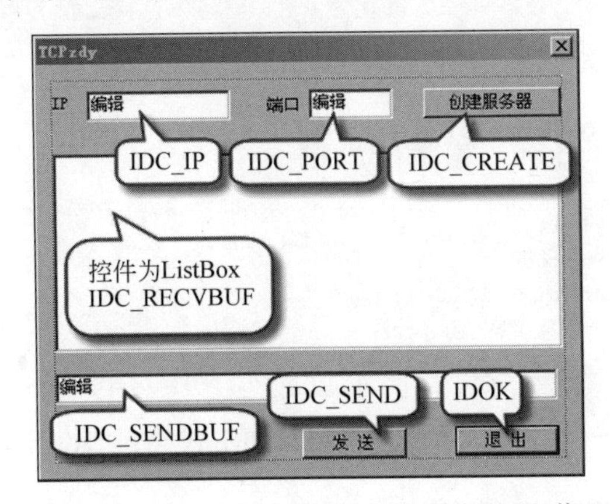

图 6-16 服务器端程序界面和各控件的 ID 值

(3) 按 Ctrl+W 键，或者在对话框界面上右击，在快捷菜单中选择“建立类向导”命令，打开 MFC ClassWizard 对话框，在 Member Variables 选项卡中为控件设置成员变量，如图 6-17 所示。

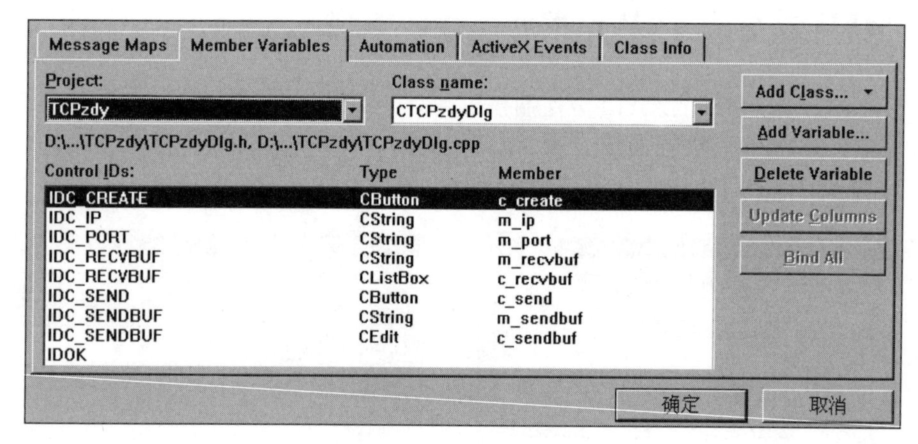

图 6-17　设置成员变量

(4) 在 * Dlg.h 文件中添加如下引用头文件和声明自定义消息的代码：

```
#include "winsock2.h"
#define WM_SOCKET WM_USER+1                    //自定义消息
#pragma comment(lib,"ws2_32.lib")
```

(5) 在 * Dlg.h 文件中，声明套接字和地址变量：

```
class CTCPzdyDlg : public CDialog{
public:
    CTCPzdyDlg(CWnd * pParent=NULL);        //标准构造函数
    SOCKET sockSer,sockConn;                //声明两个套接字变量
    SOCKADDR_IN addrSer, addrCli;
    ...
}
```

(6) 在 * Dlg.cpp 文件中，为对话框的 OnInitDialog()函数加入对话框初始化代码：

```
BOOL CTCPzdyDlg::OnInitDialog(){
    m_ip="127.0.0.1";
    m_port="5566";
    UpdateData(FALSE);
    c_send.EnableWindow(FALSE);
    return TRUE;
}
```

(7) 双击“创建服务器”按钮，为该按钮编写如下代码：

```
void CTCPzdyDlg::OnCreate() {
    WSADATA wsaData;
```

```
    WORD sockVersion=MAKEWORD(2,2);
    if(WSAStartup(sockVersion,&wsaData)) {
        AfxMessageBox(_T("初始化 WinSock 函数库失败!"),MB_OK|MB_ICONSTOP);
    }
    HWND hwnd=AfxGetMainWnd()->m_hWnd;              //获得窗口句柄
    sockSer=socket(AF_INET,SOCK_STREAM,0);
    //设置异步方式
    WSAAsyncSelect(sockSer, hwnd,WM_SOCKET,FD_ACCEPT |FD_READ |FD_CLOSE);
    UpdateData();
    addrSer.sin_family=AF_INET;
    addrSer.sin_port=htons(atoi(m_port));
    addrSer.sin_addr.S_un.S_addr=inet_addr(m_ip);
    int len=sizeof(SOCKADDR);
    bind(sockSer,(SOCKADDR*) &addrSer,len);         //绑定地址
    listen(sockSer,5);                              //监听
    c_send.EnableWindow(TRUE);
    c_create.EnableWindow(FALSE);
}
```

(8) 从本步到第(10)步，将采用自定义消息的方式实现程序异步接收消息功能。在 * Dlg. h 文件中，声明消息处理函数，在//{{AFX_MSG(CTCPzdyDlg)下添加下面一行：

```
afx_msg LRESULT OnRecvData(WPARAM wParam,LPARAM lParam);
```

(9) 在 * Dlg. cpp 文件中，创建消息映射，在 BEGIN_MESSAGE_MAP(CTCPzdyDlg, CDialog)下面添加如下消息映射代码：

```
ON_MESSAGE(WM_SOCKET,OnRecvData)
```

(10) 在 * Dlg. cpp 文件中，编写自定义消息的处理函数，代码如下：

```
CString clibuf="客户端: >";
CString serbuf="服务器: >";
int len=sizeof(SOCKADDR);
LRESULT CTCPzdyDlg::OnRecvData(WPARAM wParam,LPARAM lParam) {
    SOCKET s=wParam;                     //发生事件的套接字标识符由 wParam 通知
    char recvbuf[256];
    if(WSAGETSELECTERROR(lParam)) {      //如果选择事件出错
        closesocket(s);
        return FALSE;
}
    switch(WSAGETSELECTEVENT(lParam)) { //事件名由 lParam 通知
        case FD_ACCEPT: {                //接受请求事件
            sockConn=accept(sockSer,(SOCKADDR*) &addrCli,&len);
        }
        break;
        case FD_READ: {                  //可读事件
            recv(sockConn,recvbuf,256,0);
            clibuf+=recvbuf;
```

```
                c_recvbuf.AddString(clibuf);
                clibuf="客户端：>";                //重新给字符串赋值
            }
            break;
            case FD_CLOSE: {                      //关闭连接事件
                AfxMessageBox("客户端已断开连接");
            }
            break;
            default:
            break;
        }
        return TRUE;
    }
```

(11) 双击"发送"按钮，为该按钮编写发送消息的代码：

```
void CTCPzdyDlg::OnSend() {
    char buff[200];
    char * ct;
    CTime time=CTime::GetCurrentTime();              //获取当前时间
    CString t=time.Format("    %H:%M:%S");            //设置时间显示格式
    ct=(char*)t.GetBuffer(0);                        //CString 转 char*
    c_sendbuf.GetWindowText(buff,200);
    c_sendbuf.SetWindowText(NULL);
    CString Ser="服务器：>";
    strcat(buff,ct);
    send(sockConn,buff,strlen(buff)+1,0);
    c_recvbuf.AddString(Ser+buff);
}
```

总结：本程序中使用了自定义消息 WM_SOCKET。在 MFC 中自定义消息可分为以下 4 步。

(1) 自定义消息，例如：

```
#define WM_SOCKET WM_USER+1
```

(2) 声明消息处理函数，例如：

```
afx_msg LRESULT OnRecvData(WPARAM wParam, LPARAM lParam);
```

以上两步都写在 *Dlg.h 头文件中。

(3) 创建消息映射，例如：

```
ON_MESSAGE(WM_SOCKET,OnRecvData);
```

该行写在 BEGIN_MESSAGE_MAP(CTCPzcliDlg, CDialog)一行的下面。

(4) 编写消息处理函数，例如：

```
LRESULT CTCPzdyDlg::OnRecvData(WPARAM wParam,LPARAM lParam)
    { … }
```

以上两步都写在 * Dlg.cpp 文件中。

与 4.2 节的 Win32 API 版本的程序相比，本节的程序必须在 OnRecvData()函数中获取套接字标识符，方法是

```
SOCKET s=wParam;
```

这样才能在自定义函数中访问套接字。

提示： 如果是 Visual Studio 2010，则在"MFC 类向导"对话框的"消息"选项卡中单击"添加自定义消息"按钮，在弹出的对话框中输入自定义消息名和消息处理程序名，就可自动生成上述第(2)～(4)步自定义消息的代码。

6.3.2 客户端程序的编制

客户端程序的编制步骤如下：

(1) 创建一个 MFC 工程。新建工程，选择 MFC APPWizard(exe)，输入工程名(如TCPzcli)，单击"下一步"按钮，在"MFC 应用程序向导"对话框的步骤 1 选择"基本对话框"单选按钮，单击"完成"按钮。

(2) 在工作空间窗口的 ResourceView 选项卡，找到 Dialog 下的 IDD_TCPZCLI_DIALOG，将客户端程序界面改为如图 6-18 所示，并设置各个控件的 ID 值。

(3) 按 Ctrl+W 键，或者在对话框界面上右击，在快捷菜单中选择"建立类向导"命令，打开 MFC ClassWizard 对话框，在 Member Variables 选项卡中为控件设置成员变量，如图 6-19 所示。

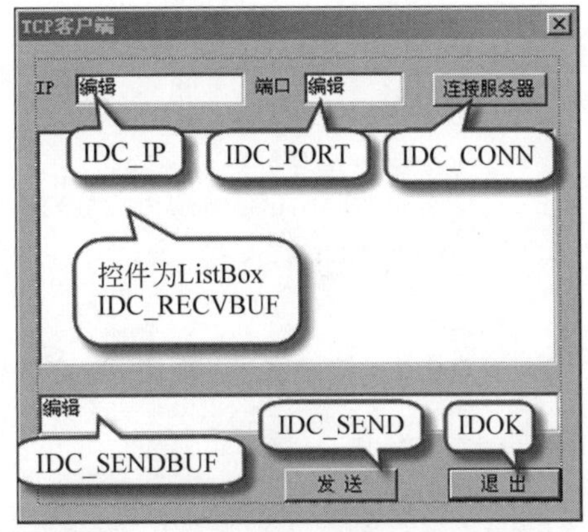

图 6-18 客户端程序界面及各控件 ID 的值

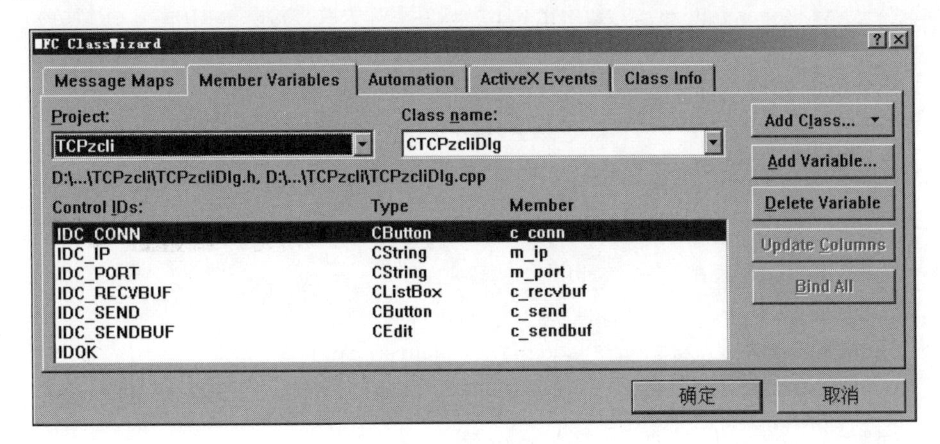

图 6-19 设置成员变量

(4) 在 * Dlg.h 文件中，添加如下引用头文件和声明自定义消息的代码：

```
#include "winsock2.h"
#define WM_SOCKET WM_USER+1                       //自定义消息
#pragma comment(lib,"ws2_32.lib")
```

(5) 在 * Dlg.h 文件的对话框类中，声明套接字变量和地址变量，代码如下：

```
class CTCPzcliDlg : public CDialog{
public:
    CTCPzcliDlg(CWnd* pParent=NULL);          //标准构造函数
    SOCKET sockCli;                           //客户端套接字
    SOCKADDR_IN addrSer, addrCli;
    …
}
```

(6) 在 * Dlg.cpp 文件中，为对话框的 OnInitDialog()函数加入对话框初始化代码：

```
BOOL CTCPzcliDlg::OnInitDialog(){
    m_ip="127.0.0.1";
    m_port="5566";
    UpdateData(FALSE);
    c_send.EnableWindow(FALSE);
    return TRUE;                              //如果未将焦点设在控件上则返回 TRUE
}
```

(7) 双击“连接服务器”按钮，为该按钮编写如下代码：

```
void CTCPzcliDlg::OnConn() {
    WSADATA wsaData;
    WORD sockVersion=MAKEWORD(2,2);
    if(WSAStartup(sockVersion,&wsaData)) {
        AfxMessageBox(_T("初始化 WinSock 函数库失败!"),MB_OK|MB_ICONSTOP);
    }
    HWND hwnd=AfxGetMainWnd()->m_hWnd;
    sockCli=socket(AF_INET,SOCK_STREAM,0);
    WSAAsyncSelect(sockCli, hwnd,WM_SOCKET,FD_CONNECT | FD_READ | FD_CLOSE);
                                                              //设置异步方式
    UpdateData();
    addrSer.sin_family=AF_INET;
    addrSer.sin_port=htons(atoi(m_port));
    addrSer.sin_addr.S_un.S_addr=inet_addr(m_ip);
    int res=connect(sockCli,(SOCKADDR*)&addrSer,sizeof(SOCKADDR));
    if(res==0)
        AfxMessageBox("客户端连接服务器失败");
    else
```

```
        AfxMessageBox("客户端连接服务器成功");
    c_send.EnableWindow(TRUE);
    c_conn.EnableWindow(FALSE);
}
```

(8) 在*Dlg.h文件中，声明消息处理函数，在//{{AFX_MSG(CTCPzcliDlg)下添加下面一行：

```
afx_msg LRESULT OnRecvData(WPARAM wParam,LPARAM lParam);
```

(9) 在*Dlg.cpp文件中，创建消息映射，在BEGIN_MESSAGE_MAP(CTCPzdyDlg, CDialog)下添加下面一行：

```
ON_MESSAGE(WM_SOCKET,OnRecvData);
```

(10) 在*Dlg.cpp文件中，编写自定义消息的处理函数，代码如下：

```
CString serbuf="服务器:>";
LRESULT CTCPzcliDlg::OnRecvData(WPARAM wParam,LPARAM lParam){
    SOCKET s=wParam;
    CString strContent;
    char recvbuf[256];
    if(WSAGETSELECTERROR(lParam)){
        closesocket(s);
        return FALSE;
}
switch(WSAGETSELECTEVENT(lParam)){
        case FD_CONNECT:                    //连接建立完成事件
        {}
        break;
        case FD_READ:{                      //可读事件
            recv(sockCli,recvbuf,256,0);
            serbuf+=recvbuf;
            c_recvbuf.AddString(serbuf);
            serbuf="服务器:>";              //重新给字符串赋值
        }
        break;
        case FD_CLOSE:{                     //关闭连接事件
            AfxMessageBox("对方已关闭连接");
        }
        break;
    }
    return TRUE;
}
```

(11) 双击“发送”按钮,为该按钮编写如下代码:

```
void CTCPzcliDlg::OnSend() {
    char buff[200];
    char * ct;
    CTime time=CTime::GetCurrentTime();          //获取当前时间
    CString t=time.Format("    %H:%M:%S");       //设置时间显示格式
    ct=(char*)t.GetBuffer(0);                    //CString 转 char*
    c_sendbuf.GetWindowText(buff,200);
    c_sendbuf.SetWindowText(NULL);
    CString Cli="客户端:>";
    strcat(buff,ct);
    send(sockCli,buff,strlen(buff)+1,0);
    c_recvbuf.AddString(Cli+buff);
}
```

(12) 当单击“退出”按钮时,关闭套接字,实现方法是:在“工程名.cpp”文件中,找到按钮 IDOK 的消息处理代码,修改如下:

```
int nResponse=dlg.DoModal();
if(nResponse==IDOK) {
    closesocket(dlg.sockCli);          //这一句是添加的代码,用来关闭套接字
}
```

总结:将 Win32 API 程序转换成 MFC WinSock 程序的步骤如下。

(1) 将 Win32 API 程序中引用的头文件都放到 * Dlg.h 文件中。

(2) 将创建的套接字变量和地址变量放到 * Dlg.h 文件中的 class * Dlg{}类的 public 变量中。

(3) 将 WSAStartup()、socket()、bind()和 listen()函数放到“启动服务器”按钮或 OnInitDialog()函数中。

(4) 将 accept()函数放到 FD_ACCEPT 事件中(异步时)或 OnInitDialog()函数中(同步时)。

(5) 将 send()函数放到“发送”按钮中。

(6) 将 recv()函数放到“接收”按钮或 FD_READ 事件中。

习题

1. 在 c_send.EnableWindow(TRUE)中,c_send 是________变量(填“控件”或“值”)。UpdateData(FALSE)的作用是________,UpdateData()的作用是________。

2. 在 MFC 中,要获取单个编辑框中的文本,可使用________函数;要设置单个编辑框的文本,可使用________。

3. 在 m_result=itoa(result,temp,10);中,itoa()函数的功能是________,其中第 3 个参数 10 表示________。

4. 在 MFC 中,要向列表框中添加内容,需要使用________函数。

5. 在 MFC 中,要弹出一个打开文件对话框,需要用到________类。

6. 要弹出一个模态对话框,需要使用对话框类的对象的________方法。

7. IDC_btn. EnableWindow(TRUE);表示________。

8. 在 MFC 中,怎样把字符数组转换为 CString 类型的字符串?

9. 将 6.3 节的程序改写为回声程序。

第 7 章　使用 CAsyncSocket 类和 CSocket 类

采用 WinSock 函数编程是编写网络应用程序的主要手段，但这种方法有两个缺点。首先，WinSock 函数比较多，每个函数的参数也比较多，导致编写套接字程序比较烦琐；其次，WinSock 函数都是全局函数，不属于任何类，因此直接使用 WinSock 函数不符合面向对象的编程思想。为此，MFC 对 WinSock API 函数进行了封装，提供了一套 MFC Socket 函数，其中函数都作为 CAsyncSocket 类和 CSocket 类的成员函数。另外，MFC Socket 函数的参数个数已明显简化。

7.1　MFC Socket 编程基础

MFC 对 WinSock API 函数进行了封装，提供了 CAsyncSocket 类和 CSocket 类，它们的继承关系如图 7-1 所示。它们的区别是：CAsyncSocket 类默认采用非阻塞异步机制进行通信，而 CSocket 类默认采用阻塞同步通信机制。

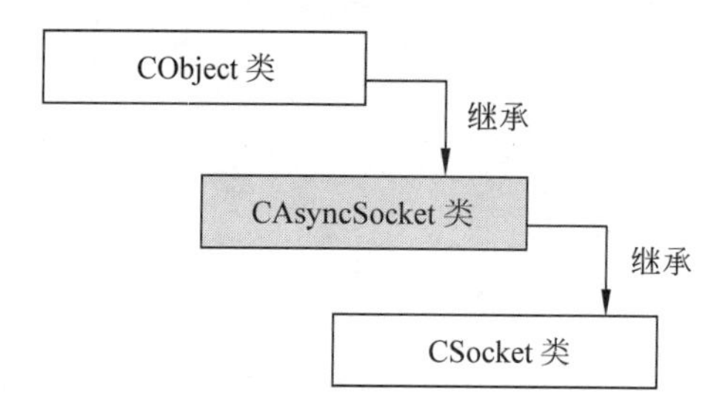

图 7-1　CAsyncSocket 类和 CSocket 类的关系

7.1.1　CAsyncSocket 类的函数

CAsyncSocket 类提供了一套成员函数，又称为 MFC Socket 函数，这套函数与 WinSock API 函数的封装关系如图 7-2 所示（粗体字表示 MFC Socket 函数）。CSocket 类继承了这套函数，因此 CSocket 类也可使用这些成员函数。

1. CAsyncSocket 类的成员函数简介

1）Create()函数

Create()函数用来创建一个套接字，并绑定地址，还能用来监听套接字关心的网络事件。可见，Create()函数集成了 WinSock 中 socket()、bind()和 WSAAsyncSelect()这 3 个函数的功能。该函数的原型如下：

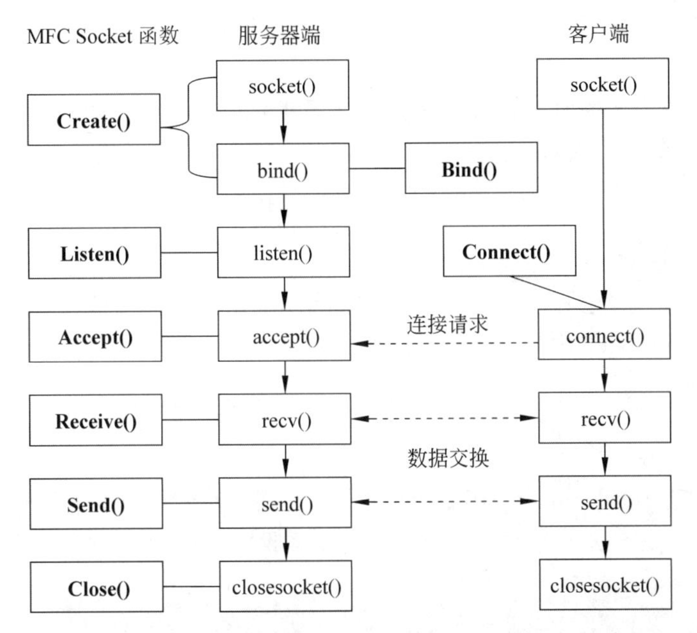

图 7-2　MFC Socket 函数与 WinSock API 函数的封装关系

```
BOOL Create(UINT port, int nSocketType, long lEvent,LPCTSTR ip);
```

该函数最多可有 4 个参数，各参数的含义如下：

- port：设置套接字要绑定的端口号，默认值为 0，表示系统自动分配。
- nSocketType：设置套接字的类型，默认值为 SOCK_STREAM。
- lEvent：设置套接字关心的网络事件，例如 FD_READ | FD_WRITE | FD_ACCEPT。默认为所有事件，即对所有网络事件都生成事件通知。
- ip：设置套接字绑定的 IP 地址，如果不设置，则绑定本机默认的 IP 地址。

用 Create()函数创建套接字有如下两种方法：

(1) 先用 CAsyncSocket 类声明一个对象变量，再调用 Create()函数。例如：

```
CAsyncSocket sock;
sock.Create(5566);          //创建流式套接字,并绑定本机 IP 和 5566 端口
```

(2) 先用 CAsyncSocket 类声明一个指针变量，再让该指针指向一个使用 new 创建的 CAsyncSocket 类的对象，最后调用 Create()函数。例如：

```
CAsyncSocket * pSocket= new CAsyncSocket;
pSocket->Create(5566, SOCK_DGRAM);     //创建数据报套接字,并绑定 5566 端口
```

提示：虽然可以直接用 CAsyncSocket 类声明一个套接字对象，但这样创建的套接字对象无法使用 CAsyncSocket 类提供的虚函数(如 OnReceive())，在功能上会大打折扣。因此，一般是使用 CAsyncSocket 类创建一个派生类，再用该派生类创建一个套接字对象，这样创建的套接字对象就可以重载 CAsyncSocket 类提供的虚函数了。

CAsyncSocket 类是一个异步非阻塞的套接字类，调用 Create()创建套接字后，该套

接字就默认工作在异步方式，因此 CAsyncSocket 类对象也被称为异步套接字对象。

2）Listen()函数

Listen()函数用来监听来自客户端的连接请求，等价于 WinSock 中的 listen()函数，该函数只有一个参数。例如：

```
sock.Listen(3);                  //侦听,等待连接的最大长度是 3
```

3）Accept()函数

Accept()函数用于接受一个客户端的连接请求，并为该连接请求创建一个已连接的套接字，等价于 WinSock 中的 accept()函数。例如：

```
sock.Accept(sockconn);           //创建一个已连接的套接字 sockconn
```

4）Connect()函数

在流式套接字中，Connect()函数用于客户端向服务器端发送一个连接建立请求；在数据报套接字中，该方法仅为套接字设置一个数据收发的目的 IP 地址。该函数有两种重载原型：

```
BOOL Connect(LPCTSTR Address, UINTPort);
BOOL Connect(const SOCKADDR* lpSockAddr, int SockAddrLen)
```

显然，第一种重载原型比较简便。例如：

```
sockcli.Connect("127.0.0.1",5566);
```

5）Receive()函数

Receive()函数用于从一个已连接的套接字上接收数据，该函数有 3 个参数，第 3 个参数默认为 0，通常省略。例如：

```
sockconn.Receive(buf,255);     //buf 是指向接收数据的缓冲区,255 是缓冲区长度
```

6）Send()函数

Send()函数用于发送数据到一个已与之连接的套接字。该函数有 3 个参数。例如：

```
int nSent=sockconn.Send(sendbuf, strlen(sendbuf)+1);
```

注意：MFC Socket 函数的第一个字母均为大写。大部分函数的函数名与 WinSock 函数相同，但有 3 个函数例外，分别是 Create()、Receive()和 Close()。WinSock 函数都是全局函数，函数前不需要加对象名来调用，而 MFC Socket 函数都是属于 CAsyncSocket 类和 CSocket 类的，必须使用"对象名.函数名()"的形式调用，由于对象名通常是一个套接字，因此函数参数中不再需要指明套接字，所以 MFC Socket 函数通常比 WinSock 函数少一个参数。

2. CAsyncSocket 类的事件处理函数

当网络事件发生后，根据 Windows 系统的消息驱动机制，事件通知消息被发送给相应的套接字对象中的 CSocketWnd 窗口对象，由 CSocketWnd 对象调用作为

CAsyncSocket 类成员的事件处理函数。CAsyncSocket 类中与网络事件对应的事件处理函数如表 7-1 所示。

表 7-1 CAsyncSocket 类中的网络事件与对应的事件处理函数

网络事件	事件处理函数
FD_READ	Virtual void OnReceive(int nErrorCode)
FD_WRITE	Virtual void OnSend(int nErrorCode)
FD_ACCEPT	Virtual void OnAccept(int nErrorCode)
FD_CONNECT	Virtual void OnConnect(int nErrorCode)
FD_CLOSE	Virtual void OnClose(int nErrorCode)
FD_OOB	Virtual void OnOutOfBandData(int nErrorCode)

例如,可以把接收数据的代码写在 OnReceive()函数中。当有数据可以接收时,OnReceive()函数就会自动执行。

7.1.2 CAsyncSocket 类编程的步骤

使用 CSocket 类或 CAsyncSocket 类编程的一般步骤如下:

(1) 声明 Socket 对象,用 CAsyncSocket 类的派生类创建一个套接字对象。例如:

```
CServer m_Server;                    //创建套接字,其中 CServer 是 CSocket 类的派生类
```

(2) 在"启动"按钮中,用 MFC Socket 函数绑定地址、侦听和等待连接。例如:

```
m_Server.Create(atoi(m_port));      //创建套接字并绑定端口
m_Server.Listen(3);                  //监听
m_Server.Accept(m_Recv);             //接受连接请求,并产生通信套接字 m_Recv
```

(3) 在"发送"按钮的代码中,发送数据,在"接收"按钮的代码或 OnReceive()函数中接收数据。例如:

```
m_Recv.Receive(recvbuf,255);                          //接收消息到 buf
int nSent=m_Recv.Send(m_sendbuf, 2 * nLen);           //发送 m_sendbuf 中的消息
```

注意:Accept()函数前面的 m_Server 是监听套接字,而该函数的参数 m_Recv 是通信套接字,这与 WinSock 中的 accept()函数正好相反。

7.2 CSocket 类版本的 TCP 通信程序实例

在 3.3 节中使用 Win32 API 方法制作了一个 TCP 通信程序。本节将 3.3 节的程序用 CSocket 类重新编写,改写后程序的界面如图 7-3 所示,其功能与 3.3 节的程序完全相同。由于 CSocket 类默认采用同步阻塞的通信方式,因此本程序只支持同步通信。

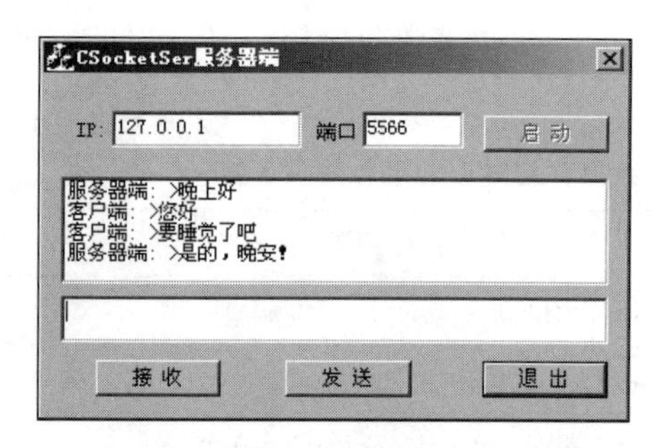

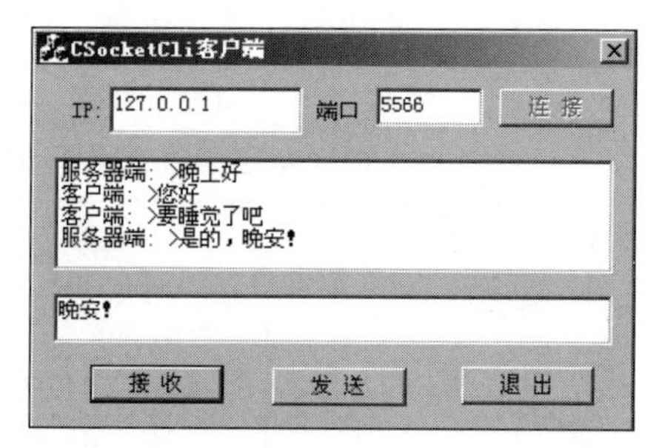

图 7-3 CSocket 类版本的 TCP 通信程序

7.2.1 服务器端程序的编制

服务器端程序的编制步骤如下：

(1) 创建一个 MFC 工程。新建工程，选择 MFC APPWizard(exe)，输入工程名(如 CSocketSer)，单击“下一步”按钮，在“MFC 应用程序向导”对话框的步骤 1 选择“基本对话框”单选按钮，在步骤 2 勾选 Windows Sockets 复选框，其余保持默认设置，单击“完成”按钮。

说明：勾选 Windows Sockets 复选框的作用有以下两个：

① 在 StdAfx.h 文件中添加以下文件包含语句：

```
#include <afxsock.h>
```

② 在“工程名.cpp”文件中自动生成如下代码：

```
BOOL CCSocketSerApp::InitInstance(){
    if(!AfxSocketInit()){
        AfxMessageBox(IDP_SOCKETS_INIT_FAILED);
        return FALSE;
    }
    …
}
```

其中的核心代码是执行 AfxSocketInit()函数，该函数封装了 WinSock API 中的 WSAStartup()函数。

(2) 制作程序界面。找到 Dialog 下的 IDD_CSOCKETSER_DIALOG，将服务器端程序界面修改为如图 7-4 所示，并设置各个控件的 ID 值。

(3) 按 Ctrl+W 键，或者在服务器端程序界面上右击，在快捷菜单中选择“建立类向导”命令，在 MFC ClassWizard 对话框的 Member Variables 选项卡中为控件设置成员变量，如图 7-5 所示。

(4) 新建 CSocket 的派生类 CServer。因为 CSocket 类是阻塞的，如果不新建派生类，就需要创建一个新线程来收发数据，会更加麻烦。新建派生类的方法是：执行菜单命

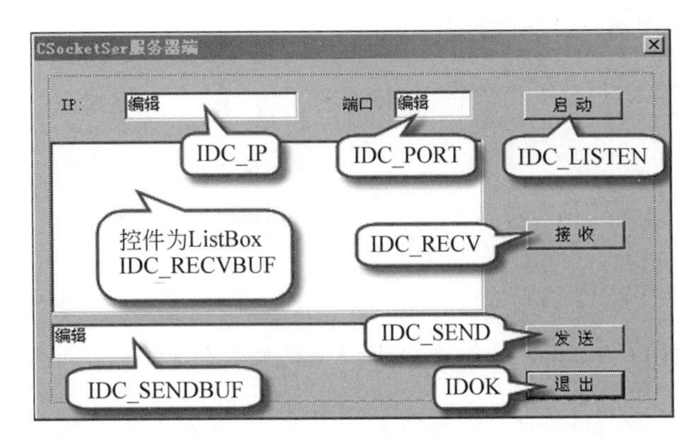

图 7-4　服务器端程序界面及控件的 ID 值

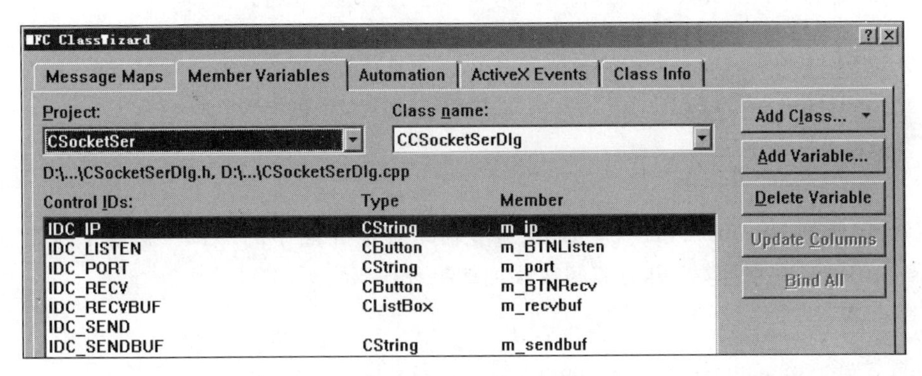

图 7-5　设置成员变量

令“插入”→“类”，在如图 7-6 所示的“新建类”对话框中输入类的名称 CServer，在 Base class(基类)下拉列表中选择 CSocket，可发现在文件面板中为该类生成了 Server. cpp 文件和 Server. h 头文件。

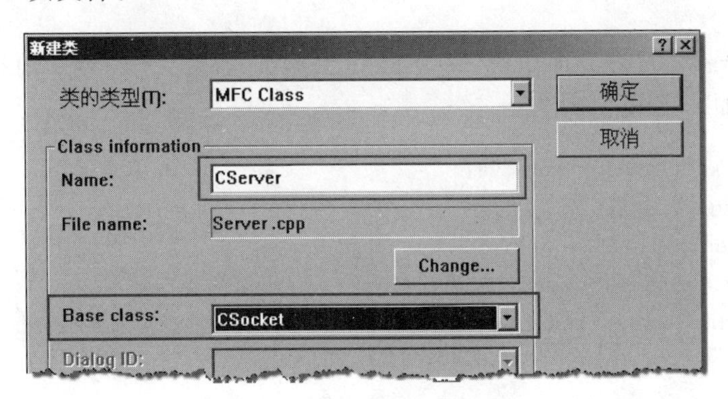

图 7-6　“新建类”对话框

(5) 为了使服务器端程序界面能使用 CSocket 类提供的子类和功能，在 CSocketSerDlg. h 文件中引入头文件：

```
#include "Server.h"
```

再在该文件中创建两个套接字,代码如下:

```
class CCSocketSerDlg : public CDialog{
public:
    CServer m_Server;                    //创建监听套接字
    CServer m_Recv;                      //创建通信套接字
    …
}
```

(6) 在 CSocketSerDlg. cpp 文件中添加以下初始化代码:

```
BOOL CCSocketSerDlg::OnInitDialog(){
    …
    m_BTNRecv.EnableWindow(FALSE);       //使"接收"按钮无效
    m_ip=CString("127.0.0.1");           //默认的本机 IP 地址
    m_port=CString("5566");              //默认的本机端口号
    UpdateData(FALSE);                   //将变量的值传到界面中
    return TRUE;
}
```

(7) 切换到 ResourceView 视图,在服务器端程序界面中的“启动”按钮上双击,新建 OnListen()消息映射函数,再为该函数添加如下代码:

```
void CCSocketSerDlg::OnListen() {
    m_Server.Create(atoi(m_port));       //新建端口 5566
    m_Server.Listen(3);                  //侦听
    m_Server.Accept(m_Recv);             //将侦听到的 IP 地址和端口号绑定到 m_Recv
    m_BTNRecv.EnableWindow(TRUE);        //使"接收"按钮有效
    m_BTNListen.EnableWindow(FALSE);     //使"启动"按钮无效
}
```

(8) 在服务器端程序界面中的“接收”按钮上双击,新建 OnRecv()消息映射函数,再为该函数添加如下代码:

```
void CCSocketSerDlg::OnRecv() {
    CString Cli="客户端: >";
    char recvbuf[255]="\0";
    m_Recv.Receive(recvbuf,255);         //接收消息到 buf
    m_recvbuf.AddString(Cli+recvbuf);    //将接收的消息添加到列表框中
}
```

(9) 在服务器端程序界面中的“发送”按钮上双击,新建 OnSend()消息映射函数,再为该函数添加如下代码:

```
void CCSocketSerDlg::OnSend() {
    CString Serv="服务器端: >";
    UpdateData();
```

```
    int nLen=m_sendbuf.GetLength();      //获取 CString 字符串长度
    int nSent=m_Recv.Send(m_sendbuf, 2*nLen);
    if(nSent!=SOCKET_ERROR){
        GetDlgItem(IDC_SENDBUF)->SetWindowText(NULL);
    }
    else
        AfxMessageBox(_T("发送失败"));
    m_recvbuf.AddString(Serv+m_sendbuf);
}
```

7.2.2 客户端程序的编制

客户端程序的编制步骤如下：

(1) 创建一个 MFC 工程。新建工程，选择 MFC APPWizard(exe)，输入工程名(如 CSocketCli)，单击“下一步”按钮，在“MFC 应用程序向导”对话框的步骤 1 选择“基本对话框”单选按钮，在步骤 2 勾选 Windows Sockets 复选框。

(2) 在工作空间窗口的 ResourceView 选项卡中，找到 Dialog 下的 IDD_CSOCKETCLI_DIALOG，将客户端程序界面及各个控件的 ID 值设置为如图 7-7 所示。

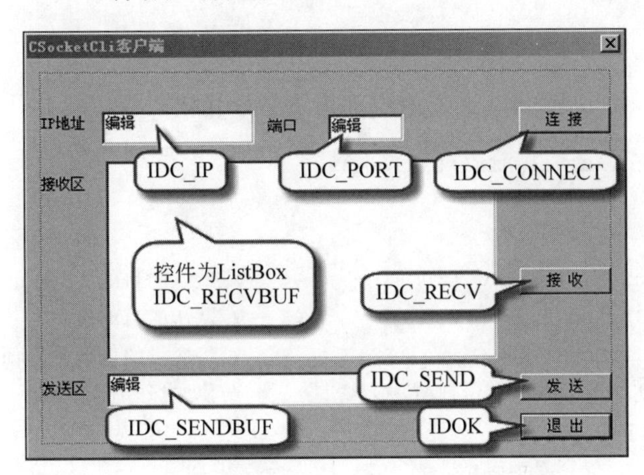

图 7-7 客户端程序界面及各个控件的 ID 值

(3) 按 Ctrl+W 键，或者在客户端程序界面上右击，在快捷菜单中选择“建立类向导”命令，在 MFC ClassWizard 对话框的 Member Variables 选项卡中为控件设置成员变量，如图 7-8 所示。

(4) 为了使用 CSocket 类的功能，新建 CSocket 的派生类 CClient。方法是：执行菜单命令“插入”→“类”，在如图 7-6 所示的“新建类”对话框中输入类的名称 CClient，在 Base class(基类)下拉列表中选择 CSocket，可发现在文件面板中为该类生成了 Client.cpp 文件和 Client.h 头文件。

(5) 为了使客户端程序界面能使用 CSocket 类提供的子类及函数，在 CSocketCliDlg.h 文件中引入头文件：

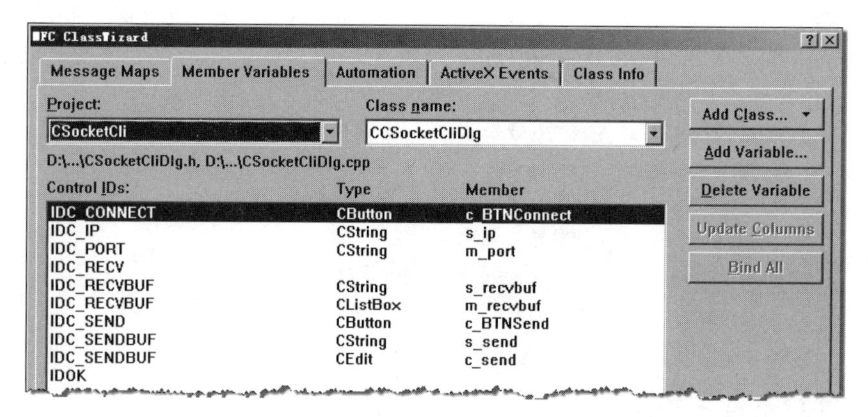

图 7-8　设置成员变量

```
#include "Client.h"
```

再在该文件中创建一个套接字,代码如下:

```
class CCSocketCliDlg : public CDialog{
private:
    CClient m_client;                          //客户端套接字
    …
}
```

(6) 在 CSocketCliDlg.cpp 文件中添加以下初始化代码:

```
BOOL CCSocketCliDlg::OnInitDialog()
{
    …
    s_ip=CString("127.0.0.1");                 //默认的目的 IP 地址
    m_port=CString("5566");                    //默认的目的端口号
    UpdateData(FALSE);                         //将变量的值传到界面中
    c_BTNSend.EnableWindow(FALSE);             //使"发送"按钮无效
    return TRUE;
}
```

(7) 切换到 ResourceView 视图,在客户端程序界面中的“连接”按钮上双击,新建 OnConnect()消息映射函数,再为该函数添加如下代码:

```
void CCSocketCliDlg::OnConnect() {
    UpdateData(TRUE);                          //将界面中的数据传给变量,更新 IP 地址
    m_client.Create();                         //创建端口,采用默认的端口号
    if(m_client.Connect(s_ip,atoi(m_port))){        //连接目的 IP 地址和 5566 端口
        MessageBox("客户端连接成功");
        c_BTNSend.EnableWindow(TRUE);          //连接成功,可以发送
        c_BTNConnect.EnableWindow(FALSE);
    }                                          //禁止再连接
```

```
    else
        MessageBox("客户端连接不成功");
}
```

(8) 在客户端程序界面中的“接收”按钮上双击，新建 OnRecv()消息映射函数，再为该函数添加如下代码：

```
void CCSocketCliDlg::OnRecv() {
    CString Serv="服务器端：>";
    char recvbuf[256];
    m_client.Receive(recvbuf, 256);
    m_recvbuf.AddString(Serv+recvbuf);
}
```

(9) 在客户端程序界面中的“发送”按钮上双击，新建 OnSend()消息映射函数，再为该函数添加如下代码：

```
void CCSocketCliDlg::OnSend() {
    CString Cli="客户端：>";
    UpdateData(TRUE);                                    //将界面中的值传给变量
    m_client.Send(s_send,255);
    GetDlgItem(IDC_SENDBUF)->SetWindowText(NULL);       //清空编辑框中的内容
    m_recvbuf.AddString(Cli+s_send);
}
```

(10) 按 Ctrl＋W 键，或者在客户端程序界面上右击，在快捷菜单中选择“建立类向导”命令，在如图 7-9 所示的 MFC ClassWizard 对话框的 Message Maps 选项卡中为对话框添加 WM_DESTROY 消息，并在消息处理函数 OnDestroy()中添加关闭套接字的代码。

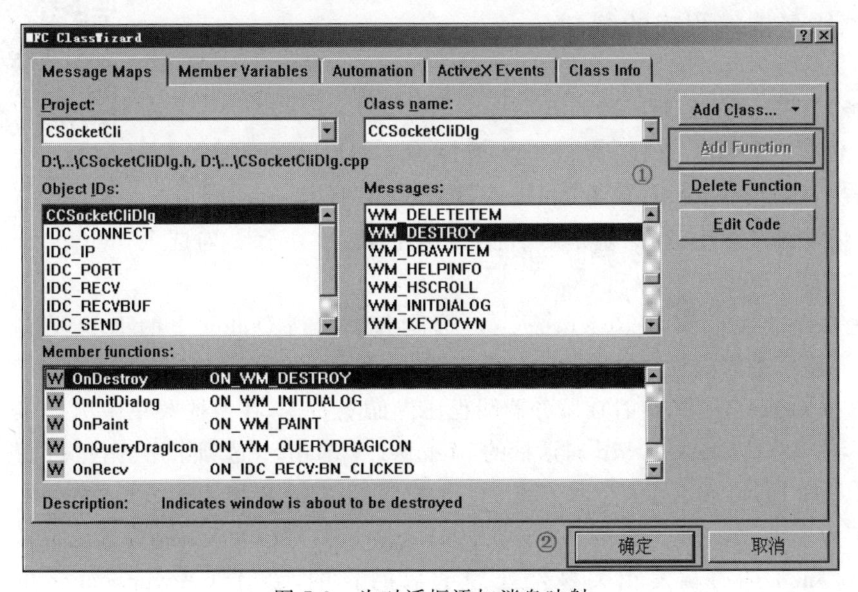

图 7-9 为对话框添加消息映射

```
void CCSocketCliDlg::OnDestroy() {        //窗口销毁事件
    CDialog::OnDestroy();
    m_client.Close();                     //关闭套接字 m_client
}
```

提示：CString 和 char * 两种数据类型可以相互转换，方法如下：

```
ct=(char *)t.GetBuffer(0);            //CString 转 char *,用 GetBuffer(0)方法
recvbuf.Format("%s",buff);            //char * 转 CString,用 Format()函数
```

7.3 CAsyncSocket 类版本的 TCP 通信程序实例

在 6.3 节中使用 MFC WinSock 方法制作了一个 TCP 异步通信的程序。本节将 6.3 节的程序用 CAsyncSocket 类重新编写，改写后程序的界面如图 7-10 所示，功能与 6.3 节的程序功能完全相同。

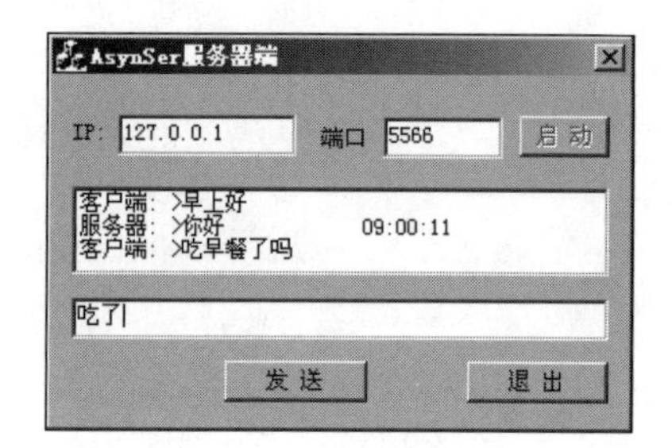

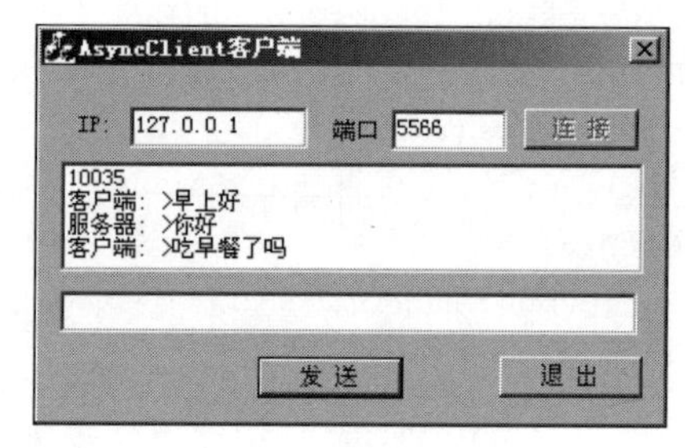

图 7-10　CAsyncSocket 类版本的 TCP 通信程序界面

7.3.1 服务器端程序的编制

CAsyncSocket 程序

服务器端程序的编制步骤如下：

(1) 创建一个 MFC 工程。新建工程，选择 MFC APPWizard(exe)，输入工程名(如 AsynSer)，单击"下一步"按钮，在"MFC 应用程序向导"对话框的步骤 1 选择"基本对话框"单选按钮，在步骤 2 勾选 Windows Sockets 复选框。

(2) 在工作空间窗口 ResourceView 选项卡中找到 Dialog 下的 IDD_ASYNSER_DIALOG，将服务器端程序界面改为如图 7-11 所示，并设置各个控件的 ID 值。

(3) 按 Ctrl+W 键，或者在服务器端程序界面上右击，在快捷菜单中选择"建立类向导"命令，在 MFC ClassWizard 对话框的 Member Variables 选项卡中为控件设置成员变量，如图 7-12 所示。

(4) 为了重载 CAsyncSocket 类中的 OnReceive()以及 OnAccept()等函数，以实现根据事件通知来自动触发相关事件处理函数的目的，新建 CAsyncSocket 的派生类 CServerSocket。方法是：执行菜单命令"插入"→"类"，在如图 7-13 所示的"新建类"对话框

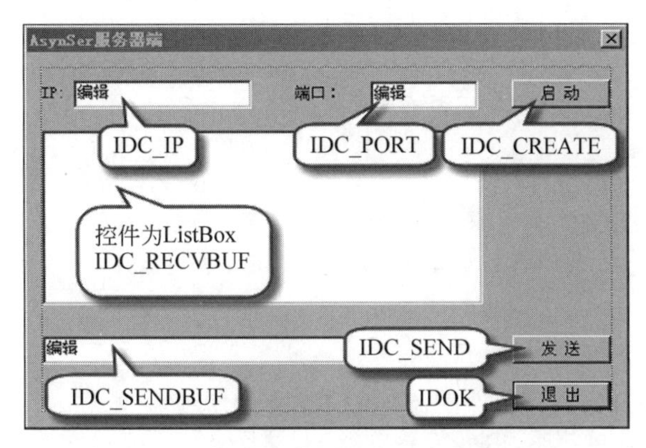

图 7-11 服务器端程序界面及控件的 ID 值

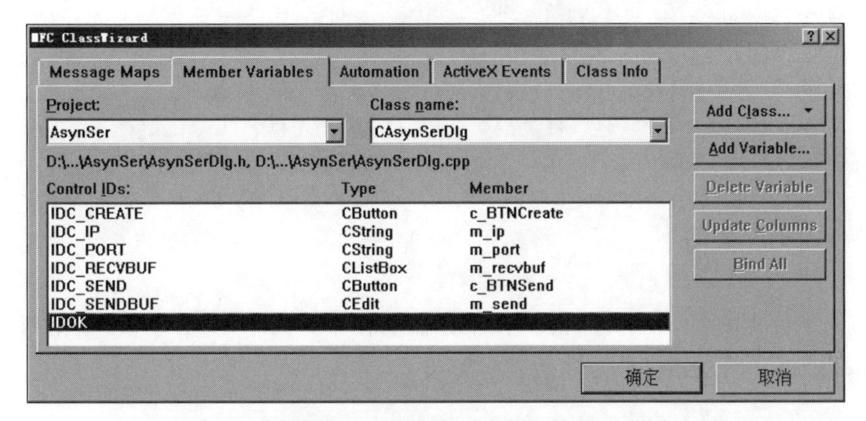

图 7-12 为控件设置成员变量

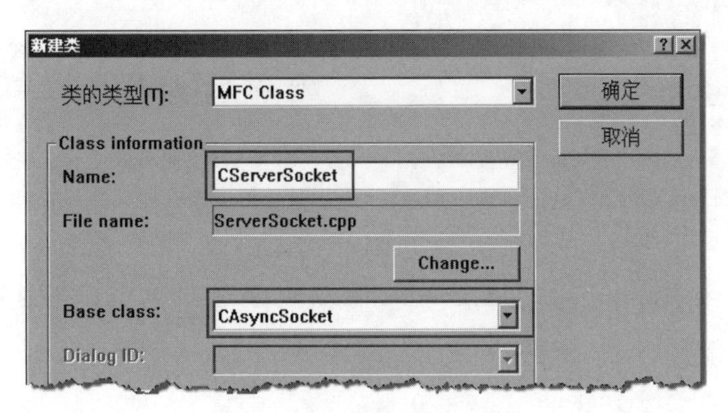

图 7-13 "新建类"对话框

框中输入类的名称 CServerSocket，在 Base class(基类)下拉列表中选择 CAsyncSocket，可发现在文件面板中为该类生成了 ServerSocket.cpp 文件和 ServerSocket.h 头文件。

(5) 为了在服务器端程序界面中能使用 CAsyncSocket 类提供的子类和功能，在 AsynSerDlg.h 文件中引入头文件：

```
#include "ServerSocket.h"
```

再在该文件中创建两个套接字变量 server、client 和接收缓冲区变量 buff，代码如下：

```
class CAsynSerDlg : public CDialog{
public:
    CServerSocket server,client;        //server是监听套接字,client是通信套接字
    char buff[256];                     //接收数据缓冲区变量
    CAsynSerDlg(CWnd* pParent=NULL);    //标准构造函数
    …
}
```

(6) 在 AsynSerDlg.cpp 文件中添加以下初始化代码：

```
BOOL CAsynSerDlg::OnInitDialog()
{
    …
    m_ip=CString("127.0.0.1");          //默认的本机IP地址
    m_port=CString("5566");             //默认的本机端口
    UpdateData(FALSE);                  //将变量的值传到界面中
    c_BTNSend.EnableWindow(FALSE);      //使"发送"按钮失效
    return TRUE;
}
```

(7) 切换到 ResourceView 视图，在服务器端程序界面中的“启动”按钮上双击，新建 OnCreate()消息映射函数，再为该函数添加如下代码：

```
void CAsynSerDlg::OnCreate() {
    UpdateData();
    server.Create(atoi(m_port),1,FD_READ|FD_WRITE|FD_ACCEPT | FD_CONNECT | FD_
    CLOSE,m_ip);                        //创建套接字并设置成异步通信模式
    server.Listen(3);
    c_BTNSend.EnableWindow(TRUE);       //使"发送"按钮有效
    c_BTNCreate.EnableWindow(FALSE);    //禁止再连接
}
```

(8) 在服务器端程序界面的“发送”按钮上双击，新建 OnSend()消息映射函数，再为该函数添加如下代码：

```
void CAsynSerDlg::OnSend() {
    CTime time=CTime::GetCurrentTime();                 //获取当前时间
    CString t=time.Format("    %H:%M:%S");              //设置时间显示格式
    m_send.GetWindowText(buff,200);
    client.Send(buff,200,0);
    m_send.SetWindowText(NULL);
    CString Ser="服务器：>";
    m_recvbuf.AddString(Ser+buff+t);
}
```

(9) 按 Ctrl + W 键，打开 MFC ClassWizard 对话框，切换到如图 7-14 所示的 Message Maps 选项卡，在 Class Name 下拉列表框中选择 CServerSocket。可以看到，在 Messages 列表框中列出了一些消息映射函数，这些函数都是基类 CAsyncSocket 的消息映射函数。双击其中的 OnAccept 和 OnReceive，即可在 CServerSocket 类中重载 CAsyncSocket 类中的这两个函数。

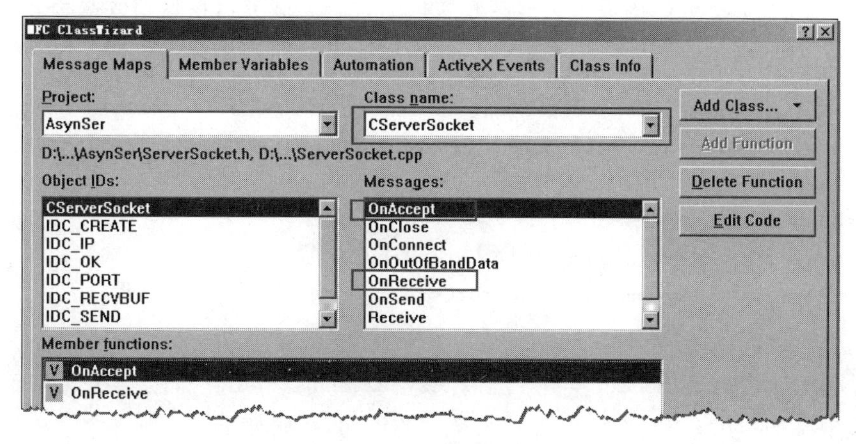

图 7-14　设置消息映射

注意：在工作空间左侧的 ClassView（类视图）面板中，右击 CServerSocket 类，在快捷菜单中选择 Add Virtual Function 命令，在 New Virtual Override for Class CServerSocket 对话框中双击左侧列表框中的 OnAccept 和 OnReceive，使其移到右侧的列表框中，单击"确定"按钮，也能实现第(9)步中重载这两个函数的目的，如图 7-15 所示。

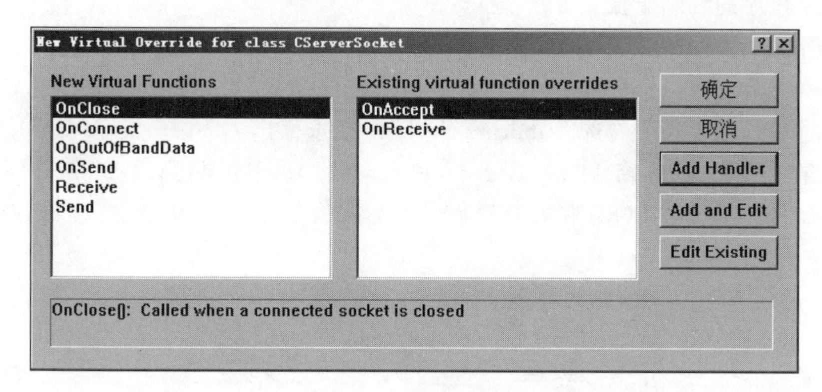

图 7-15　重载虚函数

(10) 在 ServerSocket.cpp 文件中，为 OnAccept() 函数编写接受连接请求的代码。服务器在收到客户端程序的连接请求时会自动调用 OnAccept() 函数，此函数的调用意味着服务器已经收到客户端的连接请求，所以在此函数中接受客户端的连接请求。OnAccept() 函数的代码如下：

```
void CServerSocket::OnAccept(int nErrorCode) {
```

```
    CAsynSerDlg * dlg=(CAsynSerDlg*)AfxGetApp()->GetMainWnd();
                                                  //获得对话框的指针
    dlg->server.Accept(dlg->client);  //接受客户端的连接请求,得到 client 套接字
    CAsyncSocket::OnAccept(nErrorCode);
}
```

(11) 在 OnReceive()函数中编写接收数据的代码。服务器在收到数据后会自动调用 OnReceive()函数(接收缓存区中有数据),此函数的主要作用是接收数据。代码如下:

```
void CServerSocket::OnReceive(int nErrorCode) {
    CAsynSerDlg * dlg=(CAsynSerDlg*)AfxGetApp()->GetMainWnd();
    Receive(dlg->buff,200,0);
    CString Cli="客户端:>";
    dlg->m_recvbuf.AddString(Cli+dlg->buff);
    CAsyncSocket::OnReceive(nErrorCode);
}
```

(12) 因为 CServerSocket 类用到了 CAsyncSerDlg * dlg…,故应在 ServerSocket.cpp 文件中添加引用 CAsyncSerDlg 类头文件的语句,代码如下:

```
#include "AsynSerDlg.h"        //应该放在#include "ServerSocket.h"一行的下面
```

7.3.2 客户端程序的编制

客户端程序的编制步骤如下:

(1) 创建一个 MFC 工程。新建工程,选择 MFC APPWizard(exe),输入工程名(如 AsyncClient),单击“下一步”按钮,在“MFC 应用程序向导”对话框的步骤 1 选择“基本对话框”单选按钮,在步骤 2 勾选 Windows Sockets 复选框。

(2) 在工作空间窗口的 ResourceView 选项卡,找到 Dialog 下的 IDD_CASYNCCLIENT_DIALOG,将客户端程序界面改为如图 7-16 所示,并设置各个控件的 ID 值。

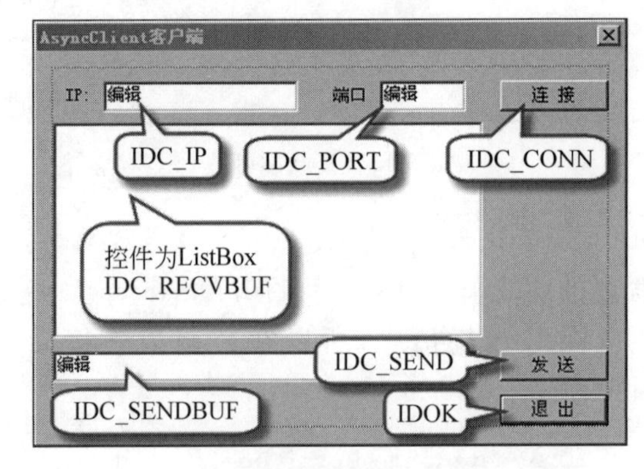

图 7-16 客户端程序界面及控件 ID 值

(3) 按 Ctrl+W 键,或者在客户端程序界面上右击,在快捷菜单中选择“建立类向导”命令,在 MFC ClassWizard 对话框的 Member Variables 选项卡中为控件设置成员变量,如图 7-17 所示。

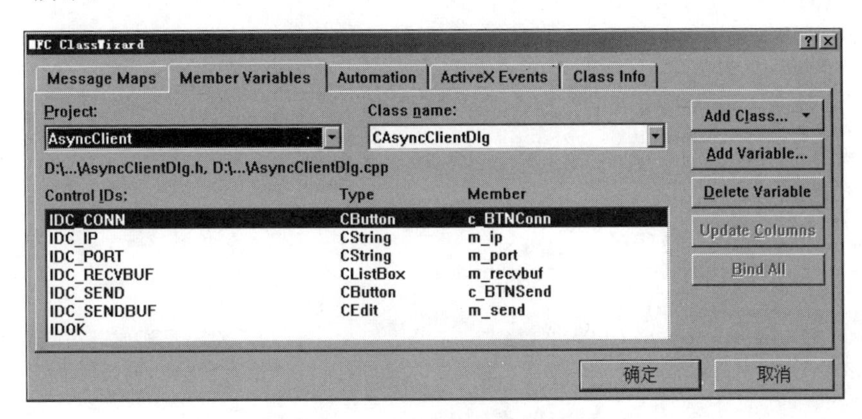

图 7-17 为控件设置成员变量

(4) 为了使用 CAsyncSocket 类的虚函数,新建 CAsyncSocket 的派生类 CMySocket。方法是:执行菜单命令“插入”→“类”,在“新建类”对话框中,输入类的名称 CMySocket,在 Base class(基类)下拉列表中选择 CAsyncSocket,可发现在文件面板中为该类生成了 MySocket.cpp 文件和 MySocket.h 的头文件。

(5) 为了使客户端程序界面能使用 CAsyncSocket 类提供的子类和功能,在 AsyncClientDlg.h 文件中引入头文件:

```
#include "MySocket.h"
```

再在该文件中创建一个套接字,代码如下:

```
class CAsyncClientDlg : public CDialog{
public:
    CMySocket client;                    //创建套接字 client
    char buff[256];
    …
}
```

(6) 在 AsyncClientDlg.cpp 文件中添加以下初始化代码:

```
BOOL CAsyncClientDlg::OnInitDialog()
{
    …
    m_ip=CString("127.0.0.1");           //默认的目的 IP 地址
    m_port=CString("5566");              //默认的目的端口号
    UpdateData(FALSE);                   //将变量的值传到界面中
    c_BTNSend.EnableWindow(FALSE);       //使"发送"按钮失效
    return TRUE;
}
```

(7) 切换到 ResourceView 视图，在客户端程序界面中的"连接"按钮上双击，新建 OnConn()消息处理函数，为该函数添加如下代码：

```
void CAsyncClientDlg::OnConn() {
    CString errcode;
    UpdateData();
    client.Create();
    if(client.Connect(m_ip,atoi(m_port)))
        m_recvbuf.AddString("连接成功");
    else {
        errcode.Format("%d",GetLastError());          //获取最后一次错误的代码
        m_recvbuf.AddString(errcode);
    }
    c_BTNSend.EnableWindow(TRUE);                     //使"发送"按钮有效
    c_BTNConn.EnableWindow(FALSE);                    //使"连接"按钮无效
}
```

(8) 在客户端程序界面的"发送"按钮上双击，添加如下代码：

```
void CAsyncClientDlg::OnSend() {
    m_send.GetWindowText(buff,200);
    CString kk;
    kk.Format("%d",client.Send(buff,200,0));          //获取发送的字节数
    m_send.SetWindowText(NULL);
    CString Cli="客户端：>";
    m_recvbuf.AddString(Cli+buff);
}
```

(9) 按 Ctrl＋W 键，打开 MFC ClassWizard 对话框，在如图 7-18 所示的 Message Maps(消息映射)选项卡的 Class Name 下拉列表框中选择 CMySocket，可以看到，在 Messages 列表框中列出了一些消息映射函数，这些函数都是基类 CAsyncSocket 的消息映射函数，双击其中的 OnReceive，即可在 CMySocket 类中重载 OnReceive()函数。

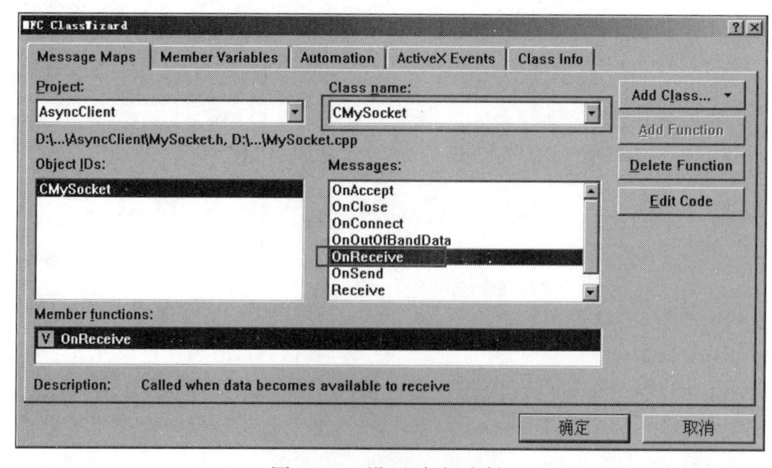

图 7-18 设置消息映射

（10）打开 MySocket.cpp 文件，在 OnReceive()函数中编写接收数据的代码，这是因为客户端在收到数据后会自动调用 OnReceive()函数(接收缓存区中有数据)。此函数的主要作用是接收数据。

```
void CMySocket::OnReceive(int nErrorCode) {
    CAsyncClientDlg *dlg=(CAsyncClientDlg *)AfxGetApp()->GetMainWnd();
    Receive(dlg->buff,200,0);
    CString Ser="服务器：>";
    dlg->m_recvbuf.AddString(Ser+dlg->buff);
    CAsyncSocket::OnReceive(nErrorCode);
}
```

（11）在上述代码中，因为 CMySocket 类用到了 CAsyncClientDlg * dlg…，故应在 MySocket.cpp 文件中添加引用 CAsyncClientDlg 类头文件的语句，代码如下：

```
#include "AsyncClientDlg.h"          //写在引用 MySocket.h 的下面
```

总结：由于 MFC 把 OnReceive()这类事件处理函数都定义为虚函数，所以要生成一个新的 C++ 类，以重载这些函数，步骤如下：

（1）以 Public 方式继承 CAsyncSocket 类，生成新类 MySock。

（2）为 MySock 类添加虚函数 OnReceive()、OnConnect()、OnSend()等。

习题

1. 在 CAsyncSocket 类版的 TCP 通信程序中，应该在(　　)中声明套接字。

   A. 套接字的类文件　　　　B. 对话框的头文件

   C. 应用程序的头文件　　　D. 都可以

2. MFC 提供了两个封装好的套接字类，分别是 CSocket 和________。

3. WinSock 中的 recv()函数对应 MFC 中的________函数。

4. 若要以异步方式接收数据，应把接收数据的代码写在 MFC 的________虚函数中。

5. CSocket 类和 CAsyncSocket 类是什么关系？CAsyncSocket 类具有的成员函数 CSocket 类也具有吗？

6. 简述使用 CAsyncSocket 类编写 TCP 异步通信程序的步骤。

7. 在 CAsyncSocket 类的网络事件处理虚函数中，为什么通常需要声明一个对话框类的指针变量？

8. 将 7.3 节的程序改成回声程序。

第8章　TCP文件传输程序

文件传输是网络通信中的一个重要应用。文件和消息从本质上看都是数据，因此都可以使用套接字编程进行传输。但与消息消息不同的是，文件往往较大，例如2GB，导致不可能一次把整个文件都读入内存中，因此文件传输通常采用分块的方式，利用循环语句，每次传输文件的一小块，直至传输的数据量之和等于文件的大小时才终止循环。

8.1　控制台版本的TCP文件传输程序实例

本节将制作一个控制台版的TCP文件传输程序，该程序分为服务器端和客户端，服务器端用来发送文件，客户端用来接收文件。其运行效果如图8-1所示，其中，左图为服务器端，右图为客户端。

图8-1　控制台版本的TCP文件传输程序

在发送文件前要先打开并读取文件，而在接收到文件数据后要将其写入文件。本节将使用C语言的文件操作函数实现文件的打开、读取、写入及移动文件指针位置的操作。

在对文件进行操作之前，必须先创建文件类型的指针，代码为

```
FILE * fp;
```

然后用fopen()函数打开文件，例如：

```
fp=fopen(filename,"rb");
```

其中第2个参数为文件的打开方式，rb为只读，wb为只写，ab为追加。

文件打开后，会有一个文件指针指向文件的开头位置，使用fseek()函数可以移动文件指针的位置，而使用ftell()函数可返回文件指针当前指向的位置。如果用fseek()函数将文件指针移动到文件末尾，再用ftell()函数返回文件指针的位置，就获取了文件的长度。

fread()函数可读取文件中的数据，并将文件指针移动到读取结束处；fwrite()函数可将数据写入文件，并将文件指针移动到写入结束处；fclose()函数用来关闭文件。

8.1.1 服务器端程序的编制

服务器端程序的流程如下：

(1) 创建套接字并监听。

(2) 提示用户输入文件路径。

(3) 用 fopen()函数打开文件。

(4) 用 fseek()和 ftell()函数获取文件长度。

(5) 发送保存了文件名和文件长度的结构体变量。

(6) 接收客户端已准备好的 OK 信息。

(7) 用循环语句读取并发送文件数据。

本例采用一个结构体变量保存文件名和文件长度，这样文件名和文件长度就可一起发送，减少了一次服务器端发送和客户端接收的函数调用。具体编制步骤如下。

新建工程，选择 Win32 Console Application，输入工程名(如 FileSer)，单击“下一步”按钮，在 Win32 Application 对话框中选择“一个简单的 Win32 程序”单选按钮。在“工程名.cpp”文件中输入如下代码：

```
#include "iostream.h"
#include "winsock2.h"
#include <stdio.h>
#pragma comment(lib,"ws2_32.lib")
struct fileMessage {                                //为了一次性传输文件名和文件长度
    char fileName[256];
    long int fileSize;
};
int main(){
    WSADATA wsaData;
    WSAStartup(MAKEWORD(2,2),&wsaData);
    SOCKET sockSer,sockConn;                        //定义套接字变量
    sockSer=socket(AF_INET,SOCK_STREAM,0);
    struct sockaddr_in addr, client_addr;           //存放本机地址和客户端地址的变量
    int addr_len=sizeof(sockaddr_in);               //地址长度
    addr.sin_family=AF_INET;
    addr.sin_port=htons(5566);
    addr.sin_addr.s_addr=htonl(INADDR_ANY);         //允许使用本机的任何 IP 地址
    bind(sockSer,(struct sockaddr *)&addr,sizeof(addr));
    listen(sockSer,5);
    /***输入要传输的文件的路径***/
    char filename[200];                             //用于存储要传输的文件的文件路径
    cout<<"输入要传输的文件路径：\n";
    cin.getline(filename,200);                      //用户输入文件路径
    while(1) {
```

```
/***接受客户连接请求***/
sockConn=accept(sockSer, (struct sockaddr * )&client_addr, &addr_len);
cout <<"客户端" <<inet_ntoa(client_addr.sin_addr) <<"已连接"<<endl;
/***定义文件传输所需变量***/
char OK[3], fileBuffer[1000];        //接收 OK 信息的缓冲区和发送缓冲区
struct fileMessage fileMsg;          //定义保存文件名及文件长度的结构体变量
/***从文件路径中提取文件名保存到结构变量 fileMsg 中***/
int size=strlen(filename);
while(filename[size] !='\\' && size>0)      //从后向前寻找文件路径中的\
    size--;
strcpy(fileMsg.fileName, filename+size); //去掉路径中的文件名的地址
//cout<<fileMsg.fileName;
/***打开要传输的文件***/
FILE * fp;                                  //创建文件指针
if((fp=fopen(filename,"rb"))==NULL)     {
    cout <<"不能打开文件: " <<filename <<endl;
    closesocket(sockConn);     //关闭套接字,对方等待的 recv()函数将返回 0
    closesocket(sockSer);
    WSACleanup();
    return 0;                  //文件打开失败则退出
}
/***获取文件长度***/
fseek(fp,0L,SEEK_END);         //将文件指针移到文件末尾
size=ftell(fp);                //获取当前文件指针的位置,该值即为文件长度
fseek(fp,0L,SEEK_SET);         //将文件指针移到文件开头
/***发送文件名及文件长度***/
fileMsg.fileSize=htonl(size);     //将文件长度存入结构体变量 fileMsg
send(sockConn, (char * )&fileMsg, sizeof(fileMsg), 0);    //发送 fileMsg
/***接收对方发送来的 OK 信息***/
if(recv(sockConn, OK, sizeof(OK), 0) <=0) {
    cout <<"接收 OK 信息失败,程序退出! \n";
    closesocket(sockSer);
    WSACleanup();
    return 0;
}
/***发送文件内容***/
if(strcmp(OK, "OK")==0) {
    while(!feof(fp))    {        //当文件指针没有到文件末尾时
        size=fread(fileBuffer,1,sizeof(fileBuffer),fp);
        send(sockConn, fileBuffer, size, 0);
    }
    cout <<"文件发送完毕";        //传输完成时显示信息
    fclose(fp);                  //关闭文件
}
```

```
        else cout <<"对方无法接收文件！";
        /***文件传输完成，结束程序***/
        closesocket(sockConn);
    }
    closesocket(sockSer);
    WSACleanup();
    return 0;
}
```

最后，编译并运行代码。

8.1.2 客户端程序的编制

客户端程序的流程如下：

(1) 创建套接字并连接。

(2) 创建文件的保存目录。

(3) 接收保存了文件名和文件长度的结构体变量。

(4) 以只写方式打开文件。

(5) 发送客户端已准备好的OK信息。

(6) 用循环语句接收并写入文件数据。

具体编制步骤如下。

新建工程，选择Win32 Console Application，输入工程名(如FileCli)，单击“下一步”按钮，在Win32 Application对话框中选中“一个简单的Win32程序”单选按钮。在“工程名.cpp”文件中输入如下代码：

```
#include "iostream.h"
#include "stdio.h"
#include "winsock2.h"
#include "direct.h"                                          //_mkdir()函数需要
#pragma comment(lib,"ws2_32.lib")
struct fileMessage {
    char fileName[256];
    long int fileSize;
};
int main(){
    WSADATA wsaData;
    WSAStartup(MAKEWORD(2,2),&wsaData);
    SOCKET sockCli;                                          //定义套接字
    sockCli=socket(AF_INET,SOCK_STREAM,0);
    struct sockaddr_in server_addr;                          //用于存放服务器地址的变量
    int addr_len=sizeof(struct sockaddr_in);                 //地址长度
    server_addr.sin_family=AF_INET;
    server_addr.sin_port=htons(5566);
```

```
    server_addr.sin_addr.s_addr=inet_addr("127.0.0.1");
    if(connect(sockCli,(struct sockaddr * )&server_addr,addr_len)==0)
        cout<<"连接服务器成功! \n";
    /***定义文件传输所需变量***/
    struct fileMessage fileMsg;
    long int filelen;
    char filename[200]="D:\\TANG\\";                //指定保存接收到的文件的目录
    char ok[3]="OK";
    char fileBuffer[1000];                          //接收文件数据的缓冲区
    /***创建文件的保存目录***/
    _mkdir(filename);                               //_mkdir()用于创建文件夹
    /***接收文件名及文件长度信息***/
    if((filelen=recv(sockCli,(char * )&fileMsg,sizeof(fileMsg),0))<=0){
        cout<<"未接收到文件名及文件长度! \n";
        closesocket(sockCli);
        WSACleanup();
        return 0;
    }
    filelen=ntohl(fileMsg.fileSize);
    strcat(filename,fileMsg.fileName);              //将文件路径与文件名连接起来
    /***创建文件,准备接收文件内容***/
    FILE * fp;                                      //创建文件指针
    if((fp=fopen(filename,"wb"))==NULL)     {       //以只写方式打开文件
        cout<<"不能打开文件:"<<filename<<endl;
        closesocket(sockCli);
        WSACleanup();
        return 0;                                   //文件打开失败则退出
    }
    send(sockCli,ok,sizeof(ok),0);                  //发送接收文件数据的确认信息
    /***接收文件数据并写入文件***/
    int size=0;                                     //接收到的数据长度
    do{
        size=recv(sockCli,fileBuffer,sizeof(fileBuffer),0);
        fwrite(fileBuffer,1,size,fp);     //写入文件,每次写 fileBuffer 字节
        filelen-=size;
    }while(size!=0 && filelen>0);           //循环条件是 size!=0 && filelen>0
    /***文件传输完成结束程序***/
    cout<<"接收文件"<<fileMsg.fileName<<"完毕!\n";
    fclose(fp);
    closesocket(sockCli);
    WSACleanup();
    return 0;
}
```

最后,编译并运行代码。

8.2 CFile类和CFileDialog类

在MFC中，CFile类用来对文件进行操作；CFileDialog类用来弹出打开文件对话框或保存文件对话框，供用户选择文件或保存文件。

8.2.1 CFile类的使用

在很多时候，程序员希望自己直接创建文件或者直接对文件进行打开、关闭、读、写等操作。MFC把这些对文件的操作封装到CFile类中，使用这个类的对象能够以更直接的方式处理文件。

CFile是MFC文件类的基类，它直接提供非缓冲的二进制磁盘输入输出设备，并直接通过派生类支持文本文件和内存文件。CFile类常用的成员函数如表8-1所示。

表8-1 CFile类常用的成员函数

成员函数	说明
Open()	打开一个文件，带错误检验选项
Read()	从文件的当前位置读数据
Write()	将文件数据写入当前文件位置
GetLength()	获取文件的长度
SetLength()	改变文件的长度
Flush()	清除未被写入的所有数据
GetFileName()	获取文件名
GetFileTitle()	获取文件的标题
GetFilePath()	获取文件的完整路径
GetPosition()	获取文件指针位置
GetStatus()	获取打开文件的状态
Seek()	移动文件指针到指定位置
SeekToBegin()	移动文件指针到文件开头
SeekToEnd()	移动文件指针到文件末尾
Abort()	忽略任何警告和错误，关闭一个文件
Close()	关闭文件，删除CFile类创建的对象

1. 打开并读取文件

下面的代码演示了使用CFile类打开文件并读取文件内容的方法。为了读取文件的所有内容，需要用 GetLength()函数获取文件长度，再把文件内容读到字符串 Buf 中。

```
CFile file;                                   //创建 CFile 类的对象
file.Open(_T("sc.txt"), CFile::modeRead);     //以只读方式打开文件
DWORD len=file.GetLength();                   //获取文件长度
char * Buf=new char[len+1];                   //文件长度加 1,注意该字符串长度为变量
Buf[len]=0;                                   //用于输出
file.Read(Buf,len);                           //Buf 是接收数据的指针,len 是文件长度
MessageBox(Buf);                              //将文件内容显示在弹出的消息框中
```

注意：char * Buf=new char[len+1]；是创建变长字符串的一种简单方法。用其他方法声明字符串时，字符串长度都必须是常量；而采用这种方法时，字符串长度是变量。

2. 打开并写入文件

下面的代码演示了打开文件并在文件末尾追加写入内容的方法。

```
CFile file;
file. Open ( " sc. txt ", CFile:: modeCreate | CFile:: modeWrite | CFile::
modeNoTruncate,NULL);
file.SeekToEnd();                          //将文件指针移动到文件末尾
file.Write("HelloWorld",strlen("HelloWorld"));
file.Close();
```

其中，Open()函数的第 2 个参数是文件的打开方式。CFile 类的文件打开方式如表 8-2 所示。

表 8-2　CFile 类的文件打开方式

标　志	含　义
modeCreate	创建新文件。如果文件已存在，则清空文件内容
modeNoTruncate	应与 modeCreate 组合使用，如果文件已存在，则不清空文件内容
modeRead	以只读方式打开文件
modeWrite	以只写方式打开文件
modeReadWrite	以读写方式打开文件
typeBinary	使用二进制文件模式。此模式仅用于 CFile 类的派生类
typeText	使用文本文件模式。此模式仅用于 CFile 类的派生类
shareDenyWrite	以共享模式打开文件，但禁止其他进程对文件的写操作

8.2.2　CFileDialog 类的使用

在对文件进行操作之前，通常需要弹出打开文件对话框，供用户选择文件；对文件操作完之后，也需要弹出保存文件对话框，供用户保存文件。在 MFC 中提供了 CFileDialog

类,可方便地调用打开文件对话框或保存文件对话框。

1. 调用对话框

弹出一个打开文件对话框的示例代码如下:

```
CFileDialog dlg(TRUE,NULL,NULL,OFN_HIDEREADONLY|
  OFN_OVERWRITEPROMPT,"All Files(*.TXT)|*.TXT||",AfxGetMainWnd());
dlg.DoModal();                          //弹出打开文件对话框
```

其中,第1个参数用来指明对话框的类型,值为TRUE表示打开文件对话框,值为FALSE表示选择文件对话框;第2个参数表示默认文件扩展名;第3个参数指定显示在对话框中的初始文件名;第4个参数表示对话框的样式,HIDEREADONLY表示在对话框中隐藏文件属性是“只读”的文件;第5个参数用来设置过滤器,本例中设置过滤器为*.TXT,表示只能打开txt类型的文件;第6个参数用来指明该对话框的父窗口。

弹出一个保存文件对话框的示例代码如下:

```
CFileDialog dlg(FALSE,NULL,NULL,OFN_HIDEREADONLY|OFN_OVERWRITEPROMPT,
   "All Files(*.TXT)|*.TXT||",AfxGetMainWnd());
```

说明:

(1) 在CFileDialog类中,只有第1个参数是必需的,其他参数都可以省略,然后可以使用该类的成员属性分别设置其他几个参数。例如:

```
CFileDialog dlg(TRUE);
dlg.m_ofn.lpstrTitle=_T("选择要读取的文本文件");
dlg.m_ofn.lpstrDefExt="txt";
dlg.m_ofn.lpstrFilter="所有文件(*.*)\0*.txt;*.ppt;*.pcx;*.jpg;*.jpeg;
*.gif\0";
```

(2) 在过滤器中指定扩展名时应遵循下面的格式:

```
"Chart Files (*.xlc)|*.xlc|Worksheet Files (*.xls)|*.xls|All Files (*.*)
|*.*||"
```

文件类型间用|分隔,相同文件类型的扩展名间可以用;分隔,末尾用||指明。

2. 获取对话框中选择的文件路径

当用户在文件对话框中选择了文件之后,接下来一般需要获取选中的文件名,代码如下:

```
if(dlg.DoModal()==IDOK){              //弹出打开文件对话框,并且单击了"确定"按钮
    strPath=dlg.GetPathName();        //返回用户选择的文件路径
    …                                 //接下来可用CFile类打开该文件
}
```

假如要选择的文件是C:\WINDOWS\TEST.EXE,CFileDialog类为获取文件名和

路径提供了如下成员函数：

- GetPathName()，获取文件路径和文件名。本例的返回值为 C:\WINDOWS\TEST.EXE。
- GetFileTitle()，获取文件全名。本例的返回值为 TEST.EXE。
- GetFileName()，获取文件名。不包括扩展名，本例的返回值为 TEST。
- GetFileExt()，获取文件扩展名。本例的返回值为 EXE。

8.2.3 使用 CFile 类和 CFileDialog 类编制记事本程序

本节将编制一个记事本程序，具有打开、编辑和保存文件的功能。步骤如下：

(1) 创建一个 MFC 工程。新建工程，选择 MFC APPWizard(exe)，输入工程名(如 Txt)，单击“下一步”按钮，在“MFC 应用程序向导”对话框的步骤 1 选择“基本对话框”单选按钮，单击“完成”按钮。

(2) 在工作空间窗口的 ResourceView 选项卡中，找到 Dialog 下的 IDD_TXT_DIALOG，将程序界面改为如图 8-2 所示，并设置各个控件的 ID 值。

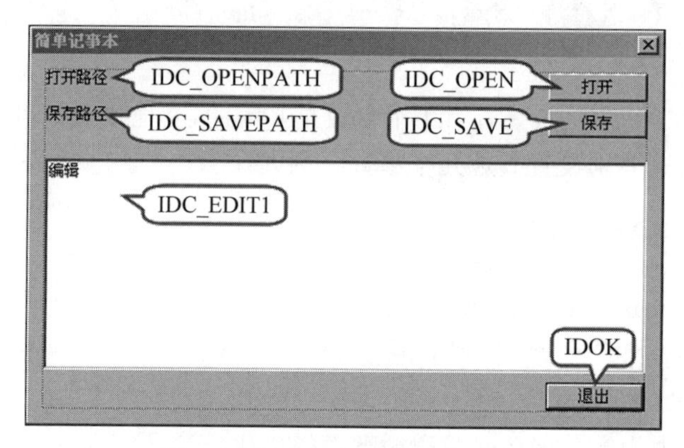

图 8-2 程序界面及控件的 ID 值

(3) 按 Ctrl+W 键，或者在程序界面上右击，在快捷菜单中选择“建立类向导”命令，打开 MFC ClassWizard 对话框，在 Member Variables 选项卡中为控件设置成员变量，如图 8-3 所示。

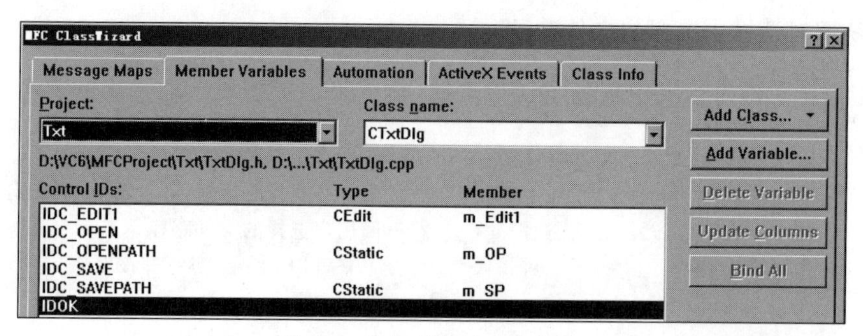

图 8-3 为控件设置成员变量

(4) 双击程序界面中的“打开”按钮,为其添加如下代码:

```
void CTxtDlg::OnOpen() {
  CFileDialog dlg(TRUE,NULL,NULL,OFN_HIDEREADONLY|OFN_OVERWRITEPROMPT,
    "All Files(*.TXT)|*.TXT||",AfxGetMainWnd());
    CString strPath,strText="";
    if(dlg.DoModal()==IDOK) {
        strPath=dlg.GetPathName();              //获取选择的文件路径
        m_OP.SetWindowText(strPath);
        CFile file(strPath,CFile::modeRead);   //打开选择的文件
        char read[10000];                       //用于读取文件的缓冲区
        file.Read(read,10000);                  //读取文件
        for(int i=0;i<file.GetLength();i++) {
            strText+=read[i];
        }
        file.Close();
        m_Edit1.SetWindowText(strText);         //在编辑框中显示读取的文件
    }
}
```

(5) 双击程序界面中的“保存”按钮,为其添加如下代码:

```
void CTxtDlg::OnSave() {
    CFileDialog dlg(FALSE,NULL,NULL,OFN_HIDEREADONLY|OFN_OVERWRITEPROMPT,
      "All Files(*.TXT)|*.TXT||",AfxGetMainWnd());
    CString strPath,strText="";
    char write[10000];
    if(dlg.DoModal()==IDOK) {           //弹出保存文件对话框,并且单击了"保存"按钮
        strPath=dlg.GetPathName();
        if(strPath.Right(4) !=".TXT")
            strPath+=".TXT";
        m_SP.SetWindowText(strPath);    //将保存路径显示在 m_SP 中
        CFile file(_T(strPath),CFile::modeCreate|CFile::modeWrite);
        m_Edit1.GetWindowText(strText);
        strcpy(write,strText);
        file.Write(write,strText.GetLength());
        file.Close();
    }
}
```

8.3 MFC 版本的 TCP 文件传输程序实例

MFC 版 TCP 文件传输程序

本节将使用 MFC 的 CAsyncSocket 类制作一个文件传输程序,服务器端可发送文件给客户端,当有文件发来时,客户端将自动弹出对话框,询问用户是否接收文件,因此需要使用异步通信技术。该程序的界面如图 8-4 所示。

图 8-4　TCP 文件传输程序的界面

8.3.1　TCP 文件传输程序的流程

TCP 文件传输程序的原理如下：

- 发送方：打开要传输的文件；获取文件名和文件大小；发送文件名和文件大小；读取文件(循环读取文件中的一小块到缓冲区中)；发送文件内容。
- 接收方：接收文件名和文件长度；根据文件名和保存路径创建文件；接收文件内容(将文件的每一小块循环接收到缓冲区中)；写入文件。

TCP 文件传输程序的具体流程如图 8-5 所示。

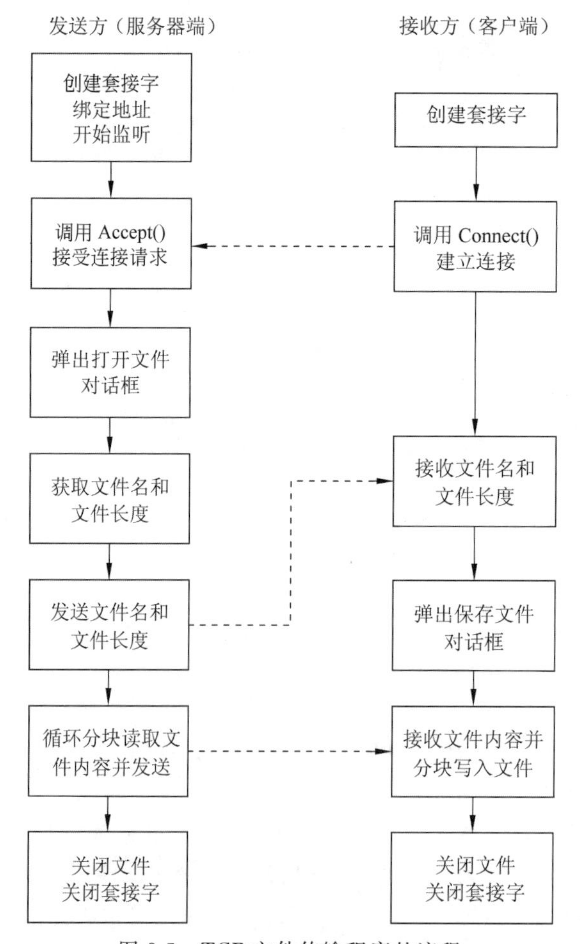

图 8-5　TCP 文件传输程序的流程

TCP文件传输程序必须解决以下几个关键问题。

1. 文件必须分割成小块再传输

由于被传送的文件的大小是不可能预知的，可能很小（例如不足1KB），也可能很大（例如达到GB级），因此发送方不可能事先定义一个较大的数据缓冲区，一次将文件中的所有数据都读出来再发送，而必须定义一个大小适当的缓冲区，利用循环语句进行多次读取、多次发送的操作，直到文件传输结束。

对于大文件来说，不可能一次读取整个文件，只能每次读一定量的数据，如500B，这样一直循环，直到读取的总字节数等于文件的长度。每次读取的字节数可通过Receive()函数（或recv()函数）的返回值获得。

接收方也不可能事先定义一个较大的接收缓冲区来容纳整个文件，也必须定义一个适当大小的缓冲区，进行多次接收、多次保存的操作，直到文件传输结束。

注意：每次读取的文件字节数一定要通过recv()函数的返回值获得，绝对不能从recv()函数的第3个参数获得，因为该参数是期望接收到的字节数，但由于网络传输的原因，实际接收到的字节数往往小于期望接收到的字节数，将导致接收到的文件不完整。

2. 接收方判断文件传输结束的方法

发送方将文件中的所有数据读出（读到文件末尾）并发送完成，就可停止文件的读取与数据的发送工作，转而进行其他处理；接收方如何知道文件传输已经完成进而停止接收并保存数据呢？

解决方法是：在文件数据传输之前，先由发送方将文件的大小发送给接收方；数据传输开始后，接收方对收到的数据字节数进行累计，当累计收到的数据字节数等于文件的大小时便可停止接收。在本例中采用的就是这种方法。

3. 接收方自动接收文件的方法

通过重载CAsyncSocket类的OnReceive()函数能够实现异步接收信息，即发送方有数据发来时，接收方自动接收。但是接收文件时最好能让用户选择文件的保存位置和设置文件名，因此，可在OnReceive()函数中调用CFileDialog类的DoModal()函数弹出保存文件对话框。然而，问题是，文件是分成很多个小块循环发送的，每发送一个小块，都会触发OnReceive()函数的执行，因此接收方会弹出很多次保存文件对话框。为解决该问题，需要设置标记变量flag。如果是第一次发送文件，则弹出保存文件对话框，然后将flag设置为1；下次发送文件块时，先判断flag是否为1，如果是1，就不再弹出保存文件对话框；文件传输结束后再将flag置为0，以便能进行下一个文件的传输。

8.3.2 服务器端程序的编制

服务器端程序的编制步骤如下：

(1) 创建一个MFC工程。新建工程，选择MFC APPWizard(exe)，输入工程名（如

AsyFileSer)，单击“下一步”按钮，在“MFC 应用程序向导”对话框的步骤 1 选择“基本对话框”单选按钮，在步骤 2 勾选 Windows Sockets 复选框。

(2) 在工作空间窗口的 ResourceView 选项卡中找到 Dialog 下的 IDD_ASYFILESER_DIALOG，将服务器端程序界面改为如图 8-6 所示，并设置各个控件的 ID 值。

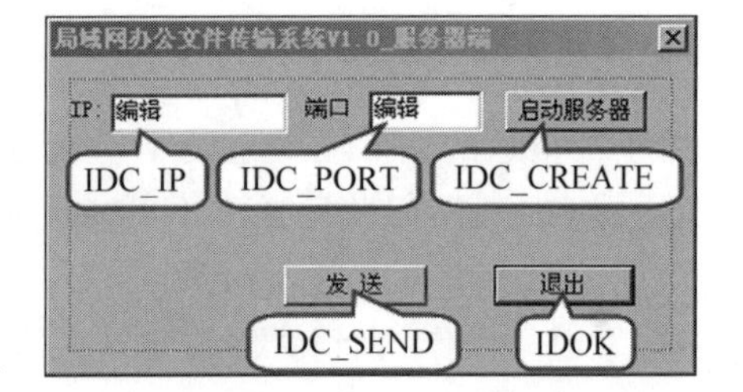

图 8-6　服务器端程序界面及控件的 ID 值

(3) 按 Ctrl+W 键，或者在对话框界面上右击，在快捷菜单中选择“建立类向导”命令，打开 MFC ClassWizard 对话框，在 Member Variables 选项卡中为控件设置成员变量，如图 8-7 所示。

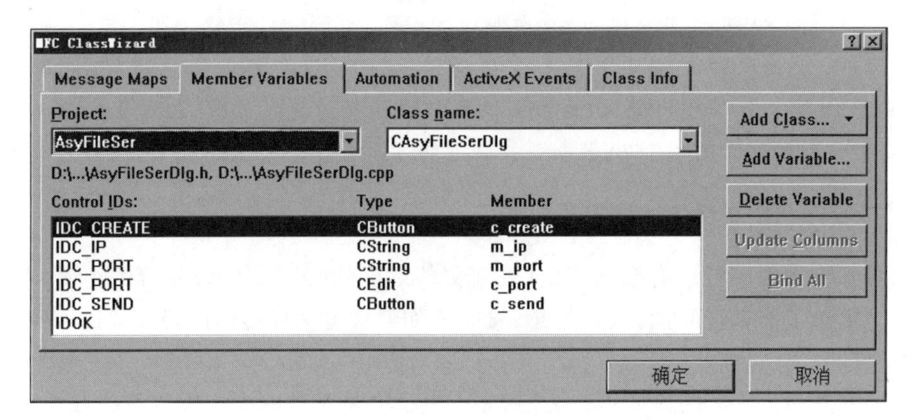

图 8-7　为控件设置成员变量

(4) 为了使用 CAsyncSocket 类的功能，新建 CAsyncSocket 的派生类 CMySocket。方法是：执行菜单命令“插入”→“类”，在如图 8-8 所示的“新建类”对话框中输入类的名称 CMySocket，在 Base class(基类)下拉列表中选择 CAsyncSocket，可以发现在文件面板中为该类生成了 MySocket.cpp 文件和 MySocket.h 头文件。

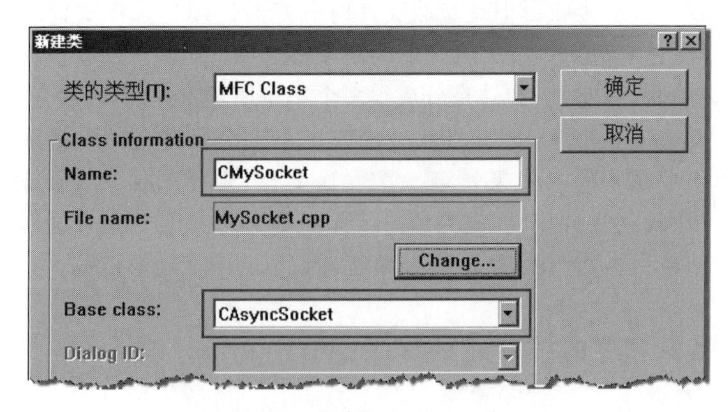

图 8-8　新建 CMySocket 类

(5) 为了使服务器端程序界面能使用 CAsyncSocket 类提供的子类和功能。在 AsyFileSerDlg.h 文件中引入头文件 MySocket.h：

```
#include "MySocket.h"
```

再在该文件中创建套接字变量 listenSocket 和 sendSocket，代码如下：

```
class CAsyFileSerDlg : public CDialog{
public:
    CAsyFileSerDlg(CWnd* pParent=NULL);
    CMySocket listenSocket;           //创建套接字变量
    CMySocket sendSocket;
    …
}
```

(6) 在 AsynSerDlg.cpp 文件中添加以下初始化代码：

```
BOOL CAsyFileSerDlg::OnInitDialog()
{
    …
    m_ip=CString("127.0.0.1");        //默认的目的 IP 地址
    m_port=CString("5566");           //默认的目的端口号
    UpdateData(FALSE);                //将变量的值传到界面中
    c_send.EnableWindow(FALSE);       //使"发送"按钮失效
    return TRUE;
}
```

(7) 切换到 ResourceView 视图，在程序界面中的“启动”按钮上双击，新建 OnCreate() 消息映射函数，再为该函数添加如下代码：

```
void CAsyFileSerDlg::OnCreate() {
    UpdateData();
    listenSocket.Create(atoi(m_port));
    listenSocket.Listen();
    c_send.EnableWindow(TRUE);        //使"发送"按钮有效
    c_create.EnableWindow(FALSE);     //使"创建"按钮无效
}
```

(8) 在程序界面中的“发送”按钮上双击，添加如下代码：

```
void CAsyFileSerDlg::OnSend() {
    CFile file;
    #define ReadSize 500              //每次最多传输 500B
    char data[ReadSize];              //用于存放读入的文件数据块
    long ByteSended=0, FileLength,count;
    CFileDialog fd(TRUE);             //声明打开文件对话框
    CString filename;
    char fn[40];
```

```
        if(IDOK==fd.DoModal()){                //启动打开文件对话框
            //选择了文件
            filename=fd.GetFileName();         //获取选择的文件的文件名
            if(!file.Open(filename.GetBuffer(0),CFile::modeRead|CFile::
            typeBinary)) {
                AfxMessageBox("打开文件错误,取消发送!");
                return;
            }
            strcpy(fn,filename.GetBuffer(0));
        }
        else return;                           //单击了"取消"按钮
        FileLength=file.GetLength();
        sendSocket.Send(&FileLength,sizeof(long));
        sendSocket.Send(fn,40);
        memset(data,0,sizeof(data));           //将变量 data 的内存区域清空
        do{     //从文件读取数据,每次最多读 500B,count 是实际读取的字节数
            count=file.ReadHuge(data, ReadSize);
            while(SOCKET_ERROR==sendSocket.Send(data,count))
            {                                  //发送数据
            }
            ByteSended=ByteSended+count;       //统计已发送的字节数
        }while(ByteSended <FileLength);
        file.Close();
    }
```

(9) 按 Ctrl+W 键,打开 MFC ClassWizard 对话框,如图 8-9 所示,在 Message Maps 选项卡的 Class name 下拉列表框中选择 CMySocket,可以看到,在 Messages 列表框中列出了一些消息映射函数,这些函数都是基类 CAsyncSocket 的消息映射函数,双击其中的 OnAccept,即可在 CMySocket 类中重载 CAsyncSocket 类中的 OnAccept()函数。

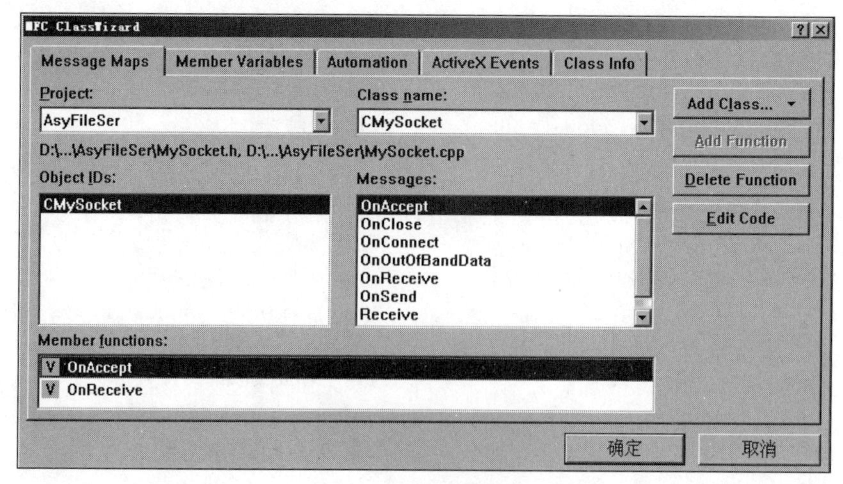

图 8-9 设置消息映射

(10) 打开 MySocket.cpp 文件,为 OnAccept()函数编写如下代码:

```
void CMySocket::OnAccept(int nErrorCode) {
    //获得对话框的指针
    CAsyFileSerDlg * dlg=(CAsyFileSerDlg *)AfxGetApp()->GetMainWnd();
    if(!dlg->listenSocket.Accept(dlg->sendSocket)) {
        AfxMessageBox("连接失败");
        return;
    }
    AfxMessageBox("连接成功");
    CAsyncSocket::OnAccept(nErrorCode);
}
```

(11) 因为 CMySocket 类用到了 CAsyFileSerDlg * dlg…,故应在 MySocket.cpp 文件中添加引用 CAsyFileSerDlg 类头文件的语句,代码如下:

```
#include "AsyFileSerDlg.h"        //应该放在#include "MySocket.h"一行的下面
```

8.3.3 客户端程序的编制

客户端程序的编制步骤如下:

(1) 创建一个 MFC 工程。新建工程,选择 MFC APPWizard(exe),输入工程名(如 AsyFileCli),单击“下一步”按钮,在“MFC 应用程序向导”对话框的步骤 1 选择“基本对话框”单选按钮,在步骤 2 勾选 Windows Sockets 复选框。

(2) 在工作空间窗口的 ResourceView 选项卡中,找到 Dialog 下的 IDD_ASYFILECLI_DIALOG,将客户端程序界面改为如图 8-10 所示,并设置各个控件的 ID 值。

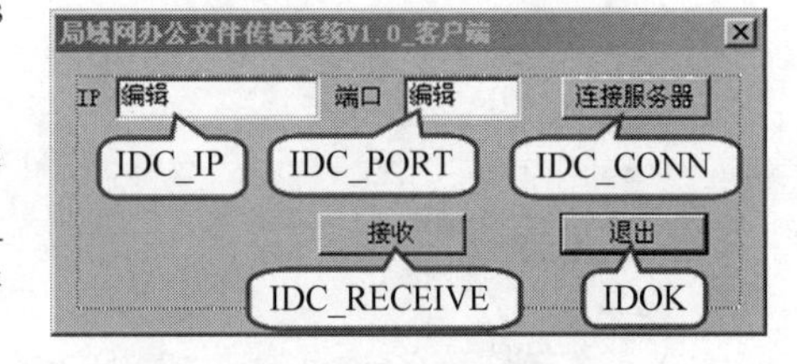

图 8-10 客户端程序界面及控件 ID 值

(3) 按 Ctrl+W 键,或者在客户端程序界面上右击,在快捷菜单中选择“建立类向导”命令,在 MFC ClassWizard 对话框的 Member Variables 选项卡中为控件设置成员变量,如图 8-11 所示。

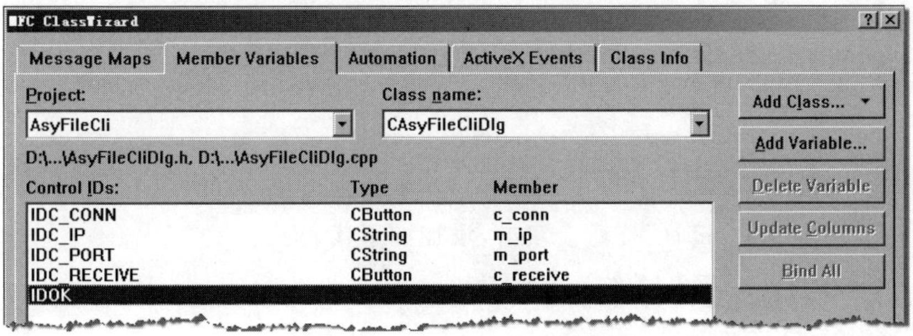

图 8-11 为控件设置成员变量

(4) 为了使用 CAsyncSocket 类的虚函数，新建 CAsyncSocket 的派生类 CMySocket。方法是：执行菜单命令“插入”→“类”，输入类的名称 CMySocket，在 Base class(基类)下拉列表中选择 CAsyncSocket，可发现在文件面板中为该类生成了 MySocket.cpp 文件和 MySocket.h 头文件。

(5) 为了使客户端程序界面能使用 CAsyncSocket 类提供的子类和功能，在 AsyFileCliDlg.h 文件中引入头文件 MySocket.h：

```
#include "MySocket.h"
#define ReadSize 500                                //声明符号常量
```

再在该文件中创建一个套接字，代码如下：

```
class CAsyFileCliDlg : public CDialog{
public:
    CAsyFileCliDlg(CWnd* pParent=NULL);             //标准构造函数
    CMySocket receiveSocket;                        //创建套接字
    …
}
```

(6) 在 AsyFileCliDlg.cpp 文件中添加以下初始化代码：

```
BOOL CAsyFileCliDlg::OnInitDialog()
{
    …
    m_ip=CString("127.0.0.1");                      //默认的目的 IP 地址
    m_port=CString("5566");                         //默认的目的端口号
    UpdateData(FALSE);                              //将变量的值传到界面中
    c_receive.EnableWindow(FALSE);                  //使"接收"按钮失效
    return TRUE;
}
```

(7) 切换到 ResourceView 视图，在程序界面中的“连接服务器”按钮上双击，新建 OnConn()消息映射函数，再为该函数添加如下代码：

```
void CAsyFileCliDlg::OnConn() {
    UpdateData;                                     //获取界面中的值
    c_receive.EnableWindow(TRUE);                   //使"接收"按钮有效
    c_conn.EnableWindow(FALSE);
    receiveSocket.Create();
    receiveSocket.Connect(m_ip,atoi(m_port));
}
```

(8) 在程序界面的“接收”按钮上双击，添加如下代码：

```
void CAsyFileCliDlg::OnReceive() {
    CFile file;
    char data[ReadSize];
```

```
    long FileLength;
    long WriteOnce;
    long WriteCount=0;
    char fn[40];
    //接收文件长度
    while(SOCKET_ERROR==receiveSocket.Receive(&FileLength, sizeof(long)))
    {    }
    //接收文件名
    while(SOCKET_ERROR==receiveSocket.Receive(fn, 40))
    {    }
    if(!file.Open(fn,CFile::modeCreate|CFile::modeWrite)){
        AfxMessageBox("Create file error!");
        return;
    }
    do{
        WriteOnce=receiveSocket.Receive(data,ReadSize);
        if(WriteOnce==SOCKET_ERROR)
            continue;
        WriteCount=WriteCount+WriteOnce;          //统计已接收的字节数
        file.WriteHuge(data,WriteOnce);           //把收到的数据写入文件
    }while(WriteCount<FileLength);
    file.Close();
    AfxMessageBox("接收文件成功");
}
```

(9) 按 Ctrl＋W 键，打开 MFC ClassWizard 对话框，如图 8-12 所示，在 Message Maps 选项卡的 Class name 下拉列表框中选择 CMySocket，可以看到，在 Messages 列表框中列出了一些消息映射函数，这些函数都是基类 CAsyncSocket 的消息映射函数，双击其中的 OnReceive，即可在 CMySocket 类中重载 OnReceive()函数。

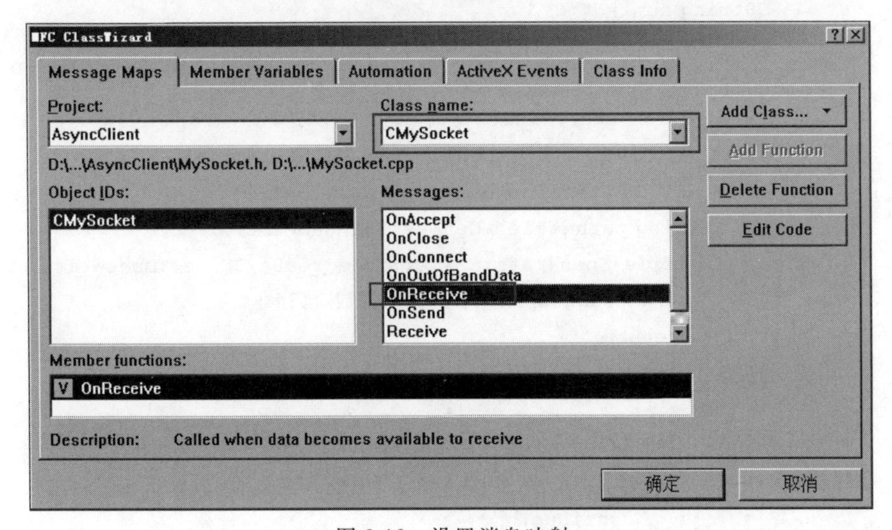

图 8-12 设置消息映射

(10) 打开 MySocket.cpp 文件,为 OnReceive()函数编写接收数据的代码:

```
static int flag=0;                          //用来标记是否是同一次文件传输
void CMySocket::OnReceive(int nErrorCode) {
    CFile file;
    char data[ReadSize];                    //用来存放文件内容
    long FileLength, WriteOnce;             //文件长度和每次接收到的字节数
    long WriteCount=0;
    char fn[40];
    CAsyFileCliDlg * dlg=(CAsyFileCliDlg*)AfxGetApp()->GetMainWnd();
                                            //获得对话框的指针
    CString * lpstrPeerIP=new CString;      //用来保存对方的 IP 地址
    UINT nPeerPort=0;
    dlg->receiveSocket.GetPeerName(* lpstrPeerIP,nPeerPort);
                                            //获取对方的 IP 地址
    CString strport;
    strport.Format(_T("%d"), nPeerPort);
    if(flag==0){                            //如果是一次新的文件传输
        if(AfxMessageBox(* lpstrPeerIP+":"+strport+"有文件发来,是否接收?",
        MB_YESNO|MB_ICONQUESTION)==IDYES) {
            flag=1;                         //标识是传输其余的文件分块
            //接收文件长度
             while (SOCKET_ERROR==dlg->receiveSocket.Receive(&FileLength,
             sizeof(long)))
            {   }
            //接收文件名
            dlg->receiveSocket. Receive(fn, 40);
            CString strpath="文本文件(*.txt)|*.txt|All Files (*.*)|*.*||";
            CString num1="";
            CFileDialog filed(false,NULL,fn,OFN_HIDEREADONLY,strpath,NULL);
                                            //保存文件对话框
            filed.m_ofn.lpstrTitle="选择接收文件的保存位置";
            if(filed.DoModal()==IDOK) {  //弹出保存文件对话框
                POSITION pt=filed.GetStartPosition();
                CString path=filed.GetNextPathName(pt);
                if(!file.Open(path,CFile::modeCreate|CFile::modeWrite)) {
                    AfxMessageBox("文件打开失败! 已存在");
                    return;
                }
                do{
                    WriteOnce=dlg->receiveSocket.Receive(data,ReadSize);
                    if(WriteOnce==SOCKET_ERROR)
                        continue;
                    WriteCount=WriteCount+WriteOnce;    //统计已接收的字节数
```

```
                file.WriteHuge(data,WriteOnce);       //把接收到的数据写入文件
            }while(WriteCount<FileLength);
        }
        file.Close();
        AfxMessageBox("接收文件成功");
        flag=0;                           //传输完成,标识下一次传输新的文件
        return;
    }
    else {     //send(s1,"不同意接收文件",sizeof("不同意接收文件"),0);
        return;
    }
  }
  CAsyncSocket::OnReceive(nErrorCode);
}
```

(11) 在上述代码中,因为 CMySocket 类用到了 CAsyFileCliDlg * dlg…,故应在 MySocket.cpp 文件中添加引用 CAsyFileCliDlg 类头文件的语句,代码如下:

```
#include "AsyFileCliDlg.h"
```

习题

1. 在 TCP 通信中,要获取对方的 IP 地址和端口号,可以使用________函数。
2. 在发送文件之前,必须先传送________和________给接收方。
3. 要弹出打开文件对话框,需要使用________类的________函数。
4. 在控制台程序和 MFC 程序中是如何获取文件长度的?
5. 简述用 CFile 类打开并写入文件的步骤。
6. 将 8.3 节的程序改写为服务器端和客户端具有双向发送和接收功能的程序。

第9章　网络用户登录程序

本节将制作一个网络版的用户登录程序，用户登录信息保存在服务器端数据库中，客户端提供登录界面，并将用户输入的登录信息发送给服务器。由于服务器端程序需要访问数据库，因此先制作一个访问数据库的示例程序，然后制作一个单机版的用户登录程序，最后制作网络版用户登录程序。

9.1　MFC访问数据库

应用程序经常需要使用数据库来保存一些信息，因此需要访问数据库来读取信息或写入信息到数据库。应用程序访问数据库的前两步通常是：①连接数据库；②创建记录集。因为连接数据库只是和数据库建立了连接，而数据是保存在表里面的，所以创建记录集就相当于访问表中的数据。

9.1.1　访问数据库的原理

Visual C++可使用ADO、ODBC或OLE DB等数据库访问组件来访问数据库。其中，ADO（ActiveX Data Object，ActiveX数据对象）是一种性能较好、较为流行的数据库访问组件，可以用来访问Access、SQL Server等数据库。ADO介于应用程序和数据库之间，相当于应用程序访问数据库的驱动程序。

ADO有3个主要对象，即Connection、Command和RecordSet。这3个对象的功能如表9-1所示。

表9-1　ADO组件的3个主要对象及其功能

对　象	功能说明
Connection	创建到指定数据库的连接
Command	对数据库执行查询、添加、修改和删除等命令
RecordSet	创建记录集

用ADO访问数据库的一般过程如下：

(1) 用Connection对象连接指定的数据库。

(2) 用RecordSet对象创建记录集。即通过查询将指定表中的数据读取到内存中。

说明：连接了数据库以后，程序只是和指定的数据库建立了连接，但数据库中通常有多个表，数据库中的数据都是存放在表中的。为了在对话框中显示数据，必须读取指定的表（全部或部分数据）到内存中，这称为创建记录集。记录集可以看成是内存中的一个虚表,由若干行和若干列组成。记录集还带有一个记录指针,在刚打开记录集时,该指针通常指向记录集中的第一条记录(如果记录集不为空),如图 9-1 所示。

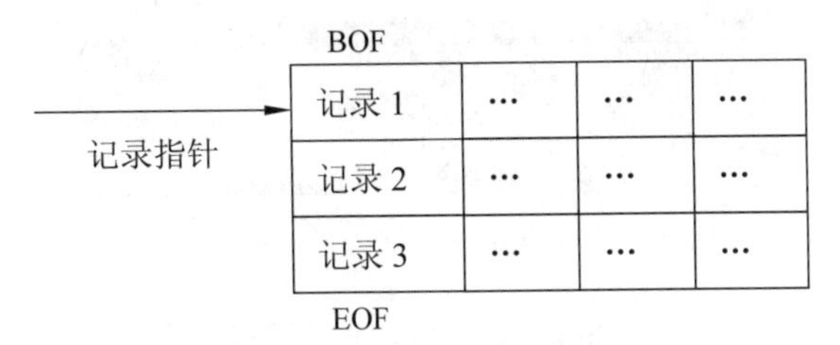

图 9-1 记录集示意图

而如果记录集为空,记录集刚打开时会指向 BOF(Begin Of File,文件开始),也就是说 BOF 为 TRUE 时可判断记录为空。

使用 MFC 通过 ADO 访问数据库的过程如下:

(1) 在 Stdafx.h 文件中用#import 语句引用支持 ADO 的组件类型库(*.tlb),代码如下:

```
#import "C:\Program Files\Common Files\System\ADO\msado15.dll" no_namespace
rename("EOF", "adoEOF")
```

(2) 在"工程名.cpp"文件中初始化 ADO 函数库,代码如下:

```
AfxOleInit();
```

(3) 创建 Connection 对象和 RecordSet 对象。在 MFC 中,这是通过声明 Connection 对象和 Recordset 对象的智能指针变量来实现的,代码如下:

```
_ConnectionPtr m_pConnection;           //声明智能指针变量 m_pConnection
_RecordsetPtr m_pRecordSet;             //声明智能指针变量 m_pRecordSet
```

(4) 用 Connection 对象连接数据库。

(5) 连接数据库后,如果要显示数据或查询数据,就用 RecordSet 对象的 Open()方法执行一条 select 语句创建记录集;如果要添加、删除或修改数据,则既可以用 RecordSet 对象的 AddNew()、Delete()、Update()方法实现,也可以用 Connection 对象的 Execute()方法执行 insert、delete 或 update 等 SQL 语句实现。

9.1.2 ADO 访问数据库程序实例

本节制作 ADO 访问数据库的示例程序,该程序用来显示数据表中的记录,并能插入记录到数据表中,其界面如图 9-2 所示。

ADO 访问数据库示例程序的编制步骤如下:

(1) 新建工程,选择 MFC APPWizard(exe),输入工程名(如 ADO),单击"下一步"按钮,在"MFC 应用程序向导"对话框的步骤 1 选择"基本对话框"单选按钮,单击"完成"按钮。

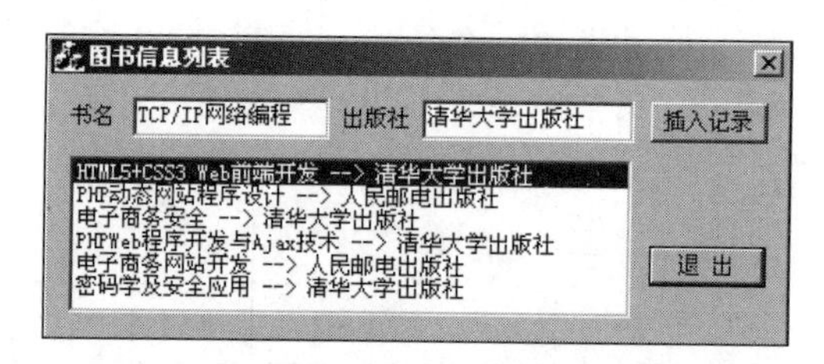

图 9-2　ADO 访问数据库示例程序界面

(2) 将要访问的数据库文件 Demo.mdb 放到工程目录下。该数据库中有一个 article 表，article 表中有两个字段，即 tit 和 lanmu。本程序可以将 article 表中的记录显示到列表框中。

(3) 在工作空间窗口的 ResourceView 选项卡，找到 Dialog 下的 IDD_ADO_DIALOG，将程序界面及控件 ID 值设置为如图 9-3 所示。

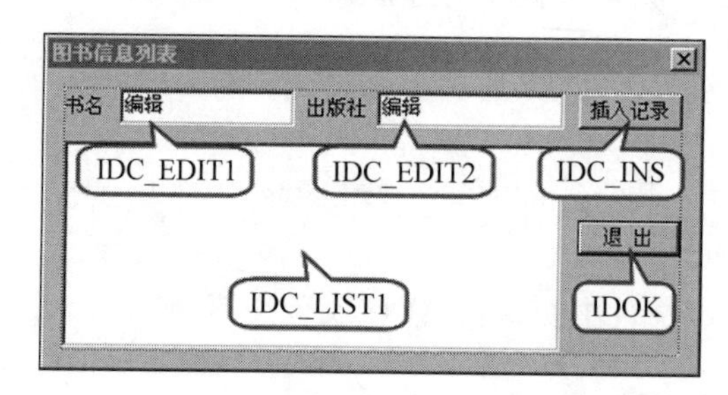

图 9-3　ADO 访问数据库示例程序界面及控件 ID 值

(4) 按 Ctrl+W 键，或者在程序界面上右击，在快捷菜单中选择“建立类向导”命令，在 MFC ClassWizard 对话框的 Member Variables 选项卡中为控件设置成员变量，如图 9-4 所示。

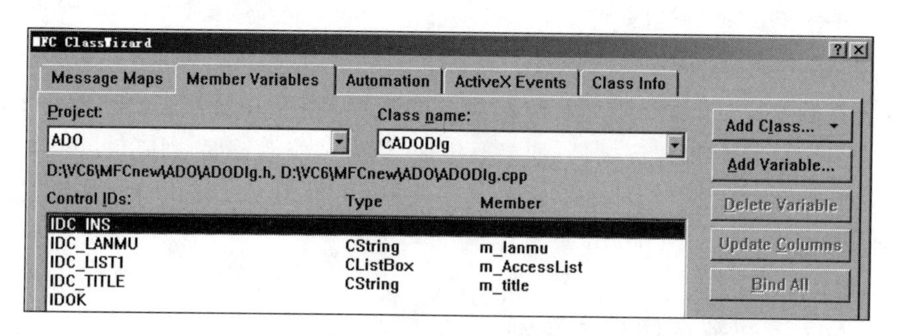

图 9-4　设置成员变量

(5) 从本步骤开始编写代码。首先在 StdAfx.h 文件中引入 ADO 支持文件，并将 ADO 中的符号常量 EOF 重命名为 adoEOF。代码如下：

```
#import "C:\Program Files\Common Files\System\ADO\msado15.dll" no_namespace
rename("EOF", "adoEOF")
```

上述代码应放置在 #endif //_AFX_NO_AFXCMN_SUPPORT 行的下面。

(6) 在"工程名.cpp"文件的 InitInstance()函数中初始化 ADO 函数库,代码如下:

```
if(!AfxOleInit()){
    AfxMessageBox("OLE 初始化错误!");
    return FALSE;
}
```

(7) 在 * Dlg.h 文件的 CADODlg 类中,声明 Connection 对象和 Recordset 对象的智能指针变量,代码如下:

```
class CADODlg : public CDialog{
public:
    CADODemoDlg(CWnd * pParent=NULL);
    _ConnectionPtr m_pConnection;
    _RecordsetPtr m_pRecordset;
    _CommandPtr m_pCommand;
    …
}
```

(8) 连接数据库,在 * Dlg.cpp 文件的 OnInitDialog()中,添加如下代码:

```
m_pConnection.CreateInstance("ADODB.Connection");
try {
    m_pConnection->Open("Provider=Microsoft.Jet.OLEDB.4.0;Data Source=Demo.
        mdb","","",adModeUnknown);            //Demo.mdb 是要连接的数据库文件名
}
catch(_com_error e) {
    AfxMessageBox("数据库连接失败!");
    return FALSE;
}
```

(9) 创建记录集,在连接数据库的代码下面添加如下代码:

```
m_pRecordset.CreateInstance("ADODB.Recordset");
try{
    m_pRecordset->Open("Select top 6 * from article order by id desc",
                                                //article 为表名
        m_pConnection.GetInterfacePtr(),        //获取数据库的 IDispatch 指针
        adOpenDynamic, adLockOptimistic, adCmdText);
}
catch(_com_error * e){
    AfxMessageBox(e->ErrorMessage());
}
```

(10) 输出数据到列表框中,在创建记录集的代码下面添加如下代码:

```
_variant_t var;
CString strUser,strPwd;
```

```
try {
    if(!m_pRecordset->BOF)                 //如果记录集指针没有在第一条记录之前
        m_pRecordset->MoveFirst();         //将记录集指针移动到第一条记录处
    else {
        AfxMessageBox("表内数据为空");
        return FALSE;
    }
    while(!m_pRecordset->adoEOF) {                      //依次读取记录集中的每条记录
        var=m_pRecordset->GetCollect("tit");            //tit 是数据表中的字段名
        if(var.vt !=VT_NULL)
            strUser=(LPCSTR)_bstr_t(var);               //将 tit 字段值赋给 strUser
        var=m_pRecordset->GetCollect("lanmu");          //lanmu 是数据表中的字段名
        if(var.vt !=VT_NULL)
            strPwd=(LPCSTR)_bstr_t(var);
        c_list.AddString(strUser+" -->"+strPwd);        //在列表框中插入记录
        m_pRecordset->MoveNext();                       //将记录集指针移动到下一条记录
    }
    c_list.SetCurSel(0);                                //默认列表选中第一项
}
catch(_com_error *e) {
    AfxMessageBox(e->ErrorMessage());
}
```

(11) 在程序界面的“添加记录”按钮上双击，为该按钮添加如下代码：

```
void CADODlg::OnIns() {
    try {
        UpdateData();                                   //获取编辑框中的文本
        m_pRecordset->AddNew();                         //写入各字段值
        m_pRecordset->PutCollect("tit", _variant_t(m_title));
        m_pRecordset->PutCollect("lanmu", _variant_t(m_lanmu));
        m_pRecordset->Update();                         //更新记录集
        AfxMessageBox("插入成功!");
        m_pRecordset->Requery(0);                       //刷新记录集，该语句可选
    }
    catch(_com_error *e) {
        AfxMessageBox(e->ErrorMessage());
    }
}
```

9.2 单机版用户登录程序实例

本节将制作一个单机版用户登录程序，该程序由两个界面组成，即一个用户登录界面和一个登录成功后的欢迎界面，如图 9-5 所示。当用户输入用户名和密码后，则查询本地

数据库，如果有记录，则表明登录正确，弹出欢迎界面。

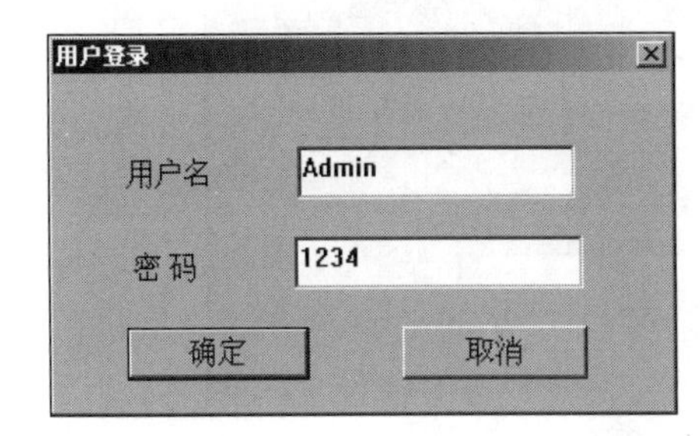

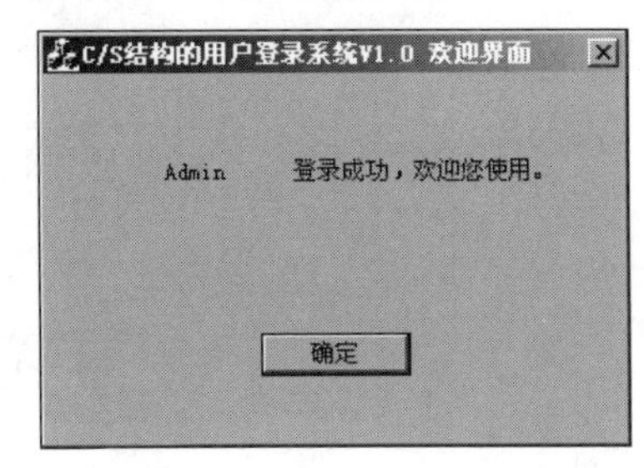

图 9-5 单机版用户登录程序界面

9.2.1 程序的编制

基本用户登录程序

单机版用户登录程序编制步骤如下：

(1) 新建工程，选择 MFC APPWizard(exe)，输入工程名(如 Login)，单击“下一步”按钮，在“MFC 应用程序向导”对话框的步骤 1 选择“基本对话框”单选按钮，单击“完成”按钮。将数据库文件 manager.mdb 放到工程目录下。

(2) 插入一个新对话框作为用户登录界面。执行菜单命令“插入”→“资源”，打开“插入资源”对话框，在“资源类型”列表中选择 Dialog，单击“新建”按钮，即插入了一个对话框，将该对话框修改为如图 9-6 所示(注意不要删除对话框中原有的两个按钮)。

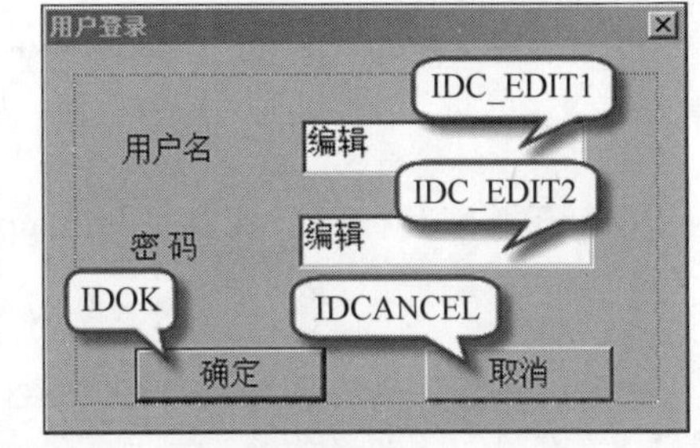

图 9-6 用户登录界面

(3) 在用户登录界面上右击，在快捷菜单中选择“建立类向导”命令，在弹出的如图 9-7 所示的对话框中，选择 Create a new class(创建一个新类)单选按钮，单击 OK 按钮。

Adding a Class

IDD_DIALOG1 is a new resource. Since it is a dialog resource you probably want to create a new class for it. You can also select an existing class.

OK

Cancel

Create a new class

Select an existing class

图 9-7 Adding a Class 对话框

在如图 9-8 所示的 New Class 对话框中输入类名 CLogDlg，基类(Base class)保持默认。

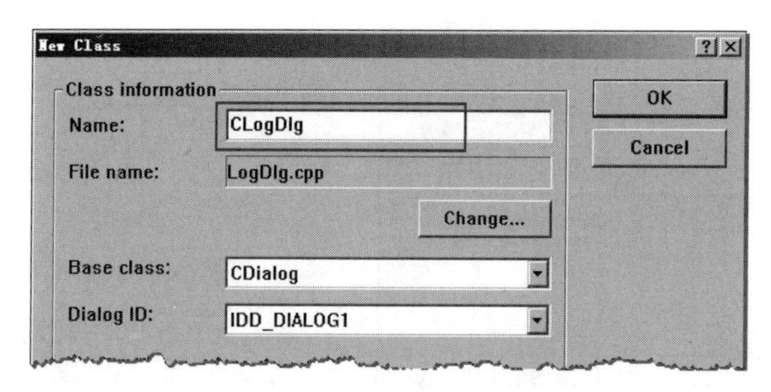

图 9-8　New Class 对话框

接着在 MFC ClassWizard 对话框的 Member Variables 选项卡中，为两个编辑框绑定成员变量，如图 9-9 所示。

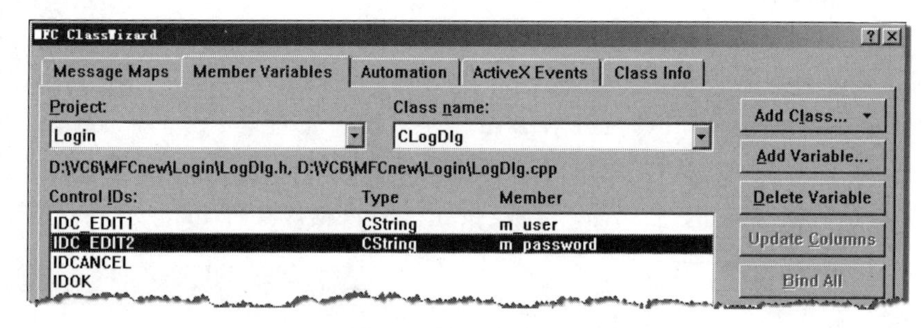

图 9-9　设置成员变量

(4) 开始编写代码。找到 Login.cpp 文件，在它的 InitInstance()函数的开头处添加如下代码：

```
BOOL CLoginApp::InitInstance() {
    while(TRUE){                        //让用户可以多次输入用户名和密码
        CLogDlg login_Dialog;           //创建一个模态对话框的实例
        //弹出对话框,并返回 IDOK 或 IDCANCEL
        int nReturn=login_Dialog.DoModal();
        if(nReturn==IDCANCEL){          //单击"取消"按钮
            return FALSE;               //退出程序
        }
        if(nReturn==IDOK){              //单击"确定"按钮
            HWND login_Hwnd=GetDlgItem(login_Dialog,IDD_DIALOG1);
            CString str_User=login_Dialog.m_user;
            CString str_Password=login_Dialog.m_password;
            if(str_User.IsEmpty()||str_Password.IsEmpty()){
                AfxMessageBox("请输入用户名和密码!");
                return FALSE;
            }
            else    {                   //如果用户输入了用户名和密码
                if(!(str_User=="admin" && str_Password=="admin")){
```

```
                    AfxMessageBox("用户名或密码错误!");
                }
                else
                    break;              //跳出 while 循环
            }
        }
    }
    ...
}
```

由于文件中用到了 CLogDlg 类，因此必须引用该对话框的头文件：

```
#include "LogDlg.h"
```

提示：因为登录界面要在欢迎界面之前弹出，因此应该将这些代码放在 Login. cpp 文件的 InitInstance()函数中。该函数在欢迎界面载入之前就会加载，这样就会在欢迎界面之前弹出登录界面。

9.2.2 查询数据库的实现

查询数据库的实现

9.2.1 节的程序是最简单的用户登录程序，用户名和密码是固定写在程序代码里的，因此只支持单用户登录。为了支持多用户登录，可将所有用户的用户名和密码保存在一个数据表中。下面将用户登录程序改写为通过查询数据表判断用户名和密码是否正确，步骤如下：

(1) 引入 ADO 支持文件，初始化 ADO 函数库。

(2) 声明 Connection 对象和 RecordSet 对象的智能指针变量。

(3) 连接数据库。

(4) 创建记录集。

(5) 判断记录集是否为空，若不为空则登录成功。

具体的编程步骤如下：

(1) 在 stdAfx. h 中引入 ADO 支持文件：

```
#import "C:\Program Files\Common Files\System\ADO\msado15.dll" no_namespace
rename("EOF", "adoEOF")
```

(2) 在 Login. cpp 文件中的 InitInstance()函数中添加如下代码：

```
BOOL CLoginApp::InitInstance(){
//============初始化 ADO 函数库===========
    if(!AfxOleInit()) {
        AfxMessageBox("OLE 初始化错误!");
        return FALSE;
    }
```

```
//========创建 Connection 对象和 RecordSet 对象的智能指针变量=========
_ConnectionPtr m_pConnection;
_RecordsetPtr m_pRecordset;
//============连接数据库===========
m_pConnection.CreateInstance("ADODB.Connection");
try{
    m_pConnection->Open("Provider=Microsoft.Jet.OLEDB.4.0;Data Source=
   manager.mdb","","",adModeUnknown);
}
catch(_com_error e){
    AfxMessageBox("数据库连接失败,确认数据库 manager.mdb 是否在当前路径下!");
    return FALSE;
}
while(TRUE) {      //保证用户输错密码后还可以多次输入密码
    CLogDlg login_Dialog;                          //模态对话框
    int nReturn=login_Dialog.DoModal();            //返回 IDOK 或 IDCANCEL
    if(nReturn==IDCANCEL){                         //单击"取消"按钮
        return FALSE;                              //退出程序
    }
    if(nReturn==IDOK){                             //单击"确定"按钮
        HWND login_Hwnd=GetDlgItem(login_Dialog,IDD_DIALOG1);
        CString str_User=login_Dialog.m_user;
        CString str_Password=login_Dialog.m_password;
        if(str_User.IsEmpty()||str_Password.IsEmpty()) {
            AfxMessageBox("请输入用户名和密码!");
            return FALSE;
        }
        else {     //如果用户输入了用户名和密码
            CString sql="select * from users where username='"+str_User+
            "' and passwd='"+str_Password+"'";  //构造查询语句
            try {
                //查询数据表,看是否有此用户名和密码
                m_pRecordset.CreateInstance("ADODB.Recordset");
                m_pRecordset->Open((_variant_t)sql,_variant_t((IDispatch
                *)m_pConnection,true),adOpenStatic,adLockOptimistic,
                adCmdText);
                //如果没有此用户名和密码,再查询是否有此用户
                if(m_pRecordset->adoEOF) {
                    AfxMessageBox("用户名或密码错误!");
                }
                //用户名和密码存在,登录成功
                else
                    break;                           //跳出 while 循环
                m_pRecordset->Close();
```

```
                }
                catch(_com_error e){
                    CString temp;
                    temp.Format("读取用户名和密码错误:%s",e.ErrorMessage());
                    AfxMessageBox(temp);
                    return FALSE;
                }
            }
        }
    }
    ...
}
```

提示：在程序界面中按 Ctrl+D 键，就会出现所有控件的 Tab 键顺序，如图 9-10 所示。按照自己想要的顺序依次单击各个控件，就可以重新安排 Tab 键顺序。

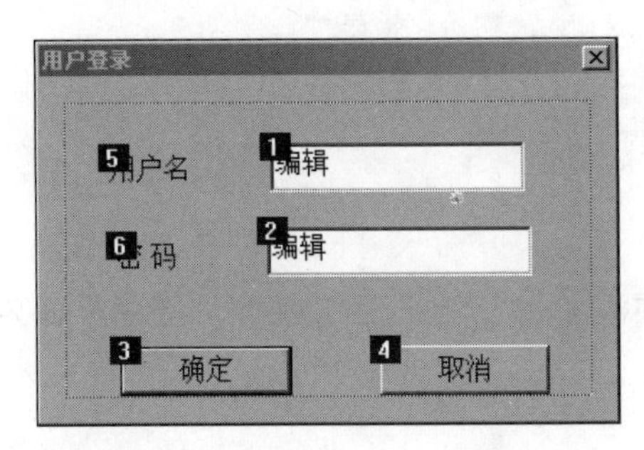

图 9-10 设置控件的 Tab 键顺序

9.2.3 在用户登录界面与欢迎界面之间传递变量

用户登录成功后，一般要求能在欢迎界面上显示当前登录的用户名。要实现这种功能，就需要在对话框之间传递变量。其编制步骤如下：

(1) 新建一个 MFC 工程，命名为 Main。执行菜单命令"插入"→"资源"，打开"插入资源"对话框，在"资源类型"列表中选择 Dialog，单击"新建"按钮，插入一个作为登录界面的对话框，将登录界面修改为如图 9-6 所示。为登录界面按照图 9-8 的方法创建 CLogDlg 类，并按照如图 9-9 所示设置成员变量。

(2) 设置启动对话框。

由于登录界面是后来添加的，所以欢迎界面是程序启动时默认加载的对话框。要把登录界面设置为默认加载的对话框，需要修改 Main.cpp 中的 InitInstance()函数：

```
BOOL CMainApp::InitInstance()
{
    ...
    CLogDlg dlg;              //将该类名由 CMainDlg 改为 CLogDlg
    m_pMainWnd=&dlg;
```

```
    int nResponse=dlg.DoModal();
    …
}
```

并且在 Main. cpp 中引用 LogDlg. h：

```
#include "LogDlg.h"
```

这样，dlg 就变成了登录界面的一个实例，dlg. DoModal()弹出的就是登录界面了。

(3) 在 stdAfx. h 中引入 ADO 支持文件，并将初始化 ADO 的代码写在登录界面文件 LogDlg. cpp 的 OnInitDialog()事件中。代码如下：

```
BOOL CLogDlg::OnInitDialog(){
    CDialog::OnInitDialog();
    //============初始化 ADO 函数库===========
    if(!AfxOleInit()) {
        AfxMessageBox("OLE 初始化错误!");
        return FALSE;
    }
    …
}
```

(4) 在 MainDlg. h 中添加一个变量，用于接收从登录界面传来的用户名。

```
class CMainDlg : public CDialog{
public:
    CMainDlg(CWnd* pParent=NULL);     //标准构造函数
    CString user;                      //添加的变量 user
    …
}
```

(5) 将验证登录的代码写在登录界面文件 LogDlg. cpp 的登录按钮函数 OnOK()中，代码如下：

```
void CLogDlg::OnOK() {
    //========创建 Connection 对象和 RecordSet 对象的智能指针变量=========
    _ConnectionPtr m_pConnection;
    _RecordsetPtr m_pRecordset;
    //============连接数据库===========
    m_pConnection.CreateInstance("ADODB.Connection");
    m_pConnection->Open("Provider=Microsoft.Jet.OLEDB.4.0;
    Data Source=manager.mdb","","",adModeUnknown);
    UpdateData();
    AfxMessageBox(m_user);
    if(m_user.IsEmpty()||m_password.IsEmpty()) {
        AfxMessageBox("请输入用户名和密码!");
}
```

```
    else                                    //如果用户输入了用户名和密码
    {                                       //构造查询语句
        CString sql="select * from users where username='"+m_user+"' and passwd=
        '"+m_password+"'";
        //查询数据库,看是否有此用户名和密码
        m_pRecordset.CreateInstance("ADODB.Recordset");
        m_pRecordset->Open((_variant_t)sql,_variant_t((IDispatch*)
            m_pConnection,true),adOpenStatic,adLockOptimistic,adCmdText);
        if(m_pRecordset->adoEOF) {
            AfxMessageBox("用户名或密码错误!");
            GetDlgItem(IDC_EDIT2)->SetWindowText(NULL);          //清空密码框
        }
        else{                               //用户名和密码存在,登录成功
            CMainDlg mainDlg;               //CMainDlg是欢迎界面
            mainDlg.user=m_user;  //将"用户名"文本框的值传递给欢迎界面的user变量
            CDialog::OnOK();                //退出登录界面
            mainDlg.DoModal();              //弹出欢迎界面
        }
        m_pRecordset->Close();
    }
}
```

由于在登录界面中引用了 CMainDlg mainDlg;,因此需要在 LogDlg.cpp 文件中引用 MainDlg.h:

```
#include "MainDlg.h"                        //引用声明CMainDlg类的文件
```

总结:在两个对话框之间传递数据的方法如下。

(1) 在 CMainDlg 类的声明中添加一个成员变量。例如:

```
CString user;
```

(2) 在登录界面的 cpp 文件中声明一个 CMainDlg 类的实例。例如:

```
CMainDlg mainDlg;
```

(3) 将登录界面中要传递的变量值赋给 CMainDlg 类的实例的成员变量。例如:

```
mainDlg.user=m_user;
```

9.3 网络版用户登录程序实例

本节将制作一个网络版用户登录程序,该程序分为客户端(图 9-11)和服务器端(图 9-12),客户端和服务器之间采用 CAsyncSocket 类进行 TCP 异步通信。客户端发送验证信息给服务器端,服务器端查询数据库,判断验证信息是否正确,并返回验证成功或失败的标识给客户端。

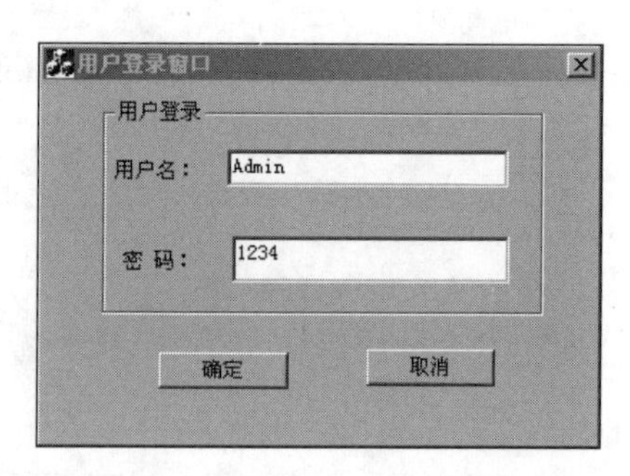

图 9-11　网络版用户登录程序客户端

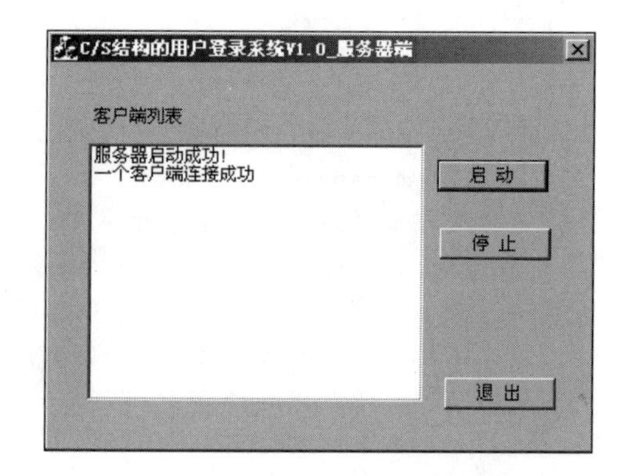

图 9-12　网络版用户登录程序服务器端

网络版用户登录程序的流程如下：

(1) 客户端发送用户名和密码的连接字符串给服务器。

(2) 服务器端在数据表中查询用户名和密码是否正确。

(3) 服务器端根据查询结果，发送登录成功或失败的标识给客户端。

(4) 客户端接收登录标识信息，如果是成功标识就进入欢迎界面，否则弹出用户名和密码错误的提示。

整个流程如图 9-13 所示。

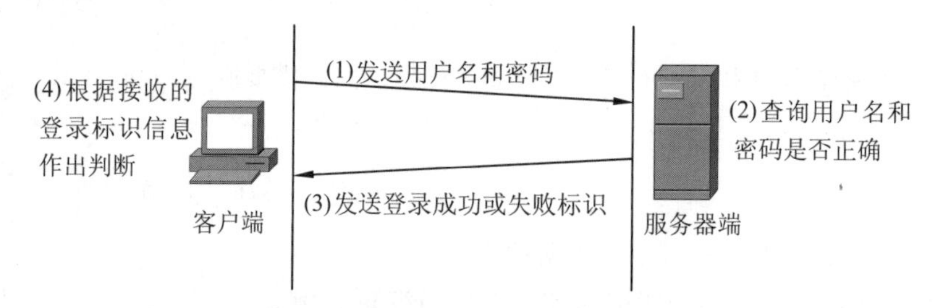

图 9-13　网络版用户登录程序的流程

9.3.1　服务器端程序的编制

服务器端程序的编制步骤如下：

(1) 创建一个 MFC 工程。新建工程，选择 MFC APPWizard(exe)，输入工程名(如 PowerSer)，单击“下一步”按钮，在“MFC 应用程序向导”对话框的步骤 1 选择“基本对话框”单选按钮，在步骤 2 勾选 Windows Sockets 复选框。

(2) 制作服务器端程序界面。在左侧工作空间窗口中选择 ResourceView 选项卡，找到 Dialog 下的 IDD_POWERSER_DIALOG，将程序界面改为如图 9-14 所示，并设置各个控件的 ID 值。

(3) 按 Ctrl+W 键，或者在对话框界面上右击，在快捷菜单中选择“建立类向导”命令，在 MFC ClassWizard 对话框的 Member Variables 选项卡中为控件设置成员变量，如图 9-15 所示。

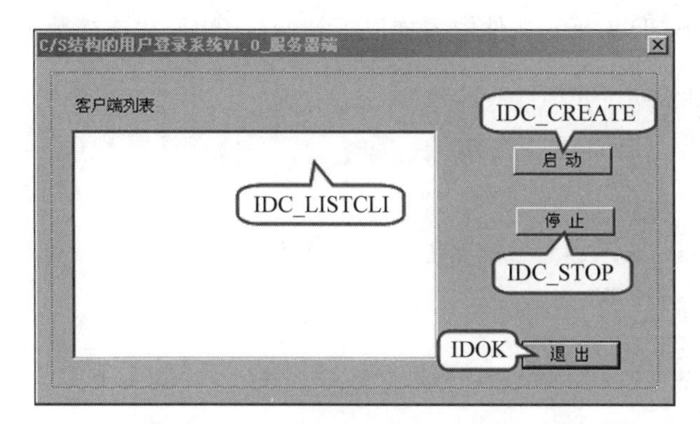

图 9-14 服务器端程序界面及控件 ID 值

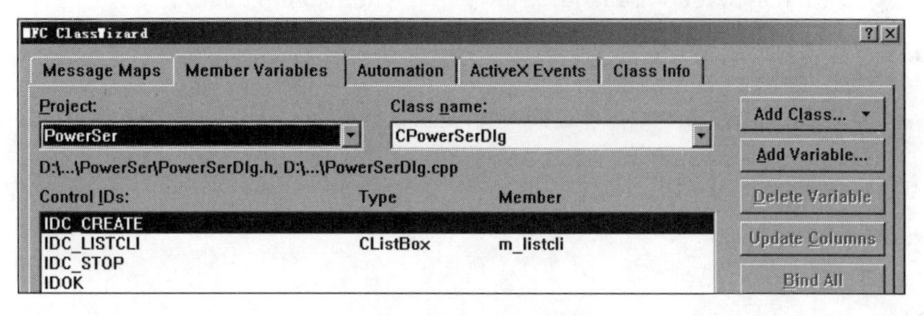

图 9-15 设置成员变量

(4) 为了使用 CAsyncSocket 类进行 TCP 通信，新建它的派生类 CMySocket。方法是：执行菜单命令“插入”→“类”，在“新建类”对话框中输入类的名称 CMySocket，在 Base class(基类)下拉列表框中选择 CAsyncSocket，可发现在文件面板中为该类生成了 MySocket.cpp 文件和 MySocket.h 头文件。

(5) 为了使程序界面能使用 CAsyncSocket 类提供的子类和功能，在 PowerSerDlg.h 头文件中引入 MySocket.h：

```
#include "MySocket.h "
```

再在该文件中创建两个套接字以及访问数据库需要的 Connection 和 RecordSet 对象，代码如下：

```
class CPowerSerDlg : public CDialog{
public:
    CPowerSerDlg(CWnd* pParent=NULL);        //标准构造函数
    CMySocket server;                        //创建套接字
    CMySocket client;
    char buff[256];                          //接收数据缓冲区变量
    _ConnectionPtr m_pConnection;            //声明 Connection 对象
    _RecordsetPtr m_pRecordset;              //声明 RecordSet 对象
    ...
}
```

(6) 在 PowerSerDlg.cpp 文件中添加以下初始化 OLE 和连接数据库的代码：

```
BOOL CPowerCliDlg::OnInitDialog()
{
    …
    if(!AfxOleInit()) {
        AfxMessageBox("OLE 初始化错误!");
        return FALSE;
    }
    m_pConnection.CreateInstance("ADODB.Connection");
    try{
        m_pConnection->Open("Provider=Microsoft.Jet.OLEDB.4.0;
            Data Source=manager.mdb","","",adModeUnknown);
    }
    catch(_com_error e){
        AfxMessageBox("数据库连接失败,确认数据库 manager.mdb 是否在当前路径下!");
        return FALSE;
    }
    return TRUE;
}
```

(7) 双击图 9-14 所示的程序界面中的“启动”按钮，为其添加代码。当用户单击该按钮后，将创建套接字并监听是否有连接到来。代码如下：

```
void CPowerSerDlg::OnCreate() {
    server.Create(5566);
    server.Listen(3);
    m_listcli.AddString("服务器启动成功!");
}
```

(8) 为图 9-14 所示的程序界面中的“停止”按钮添加代码。当单击该按钮时，关闭套接字。代码如下：

```
void CPowerSerDlg::OnStop() {
    server.Close();
    client.Close();
}
```

(9) 服务器端的主要功能包括：①接受客户端连接请求，需要使用 OnAccept()函数；②自动接收客户端发送的数据，需要使用 OnReceive()函数；③当客户端断开连接后，自动关闭套接字，需要使用 OnClose()函数。这些功能都需要在 CMySocket 类中实现。为了重载这 3 个函数，在类视图中，右击 CMySocket 类，在快捷菜单中选择 Add Virtual Function 命令，在弹出的对话框中，双击左侧列表框中的 OnAccept、OnReceive 和 OnClose，即可重载 OnAccept()、OnReceive()和 OnClose()函数，如图 9-16 所示。

然后，在 OnAccept()函数中编写如下代码：

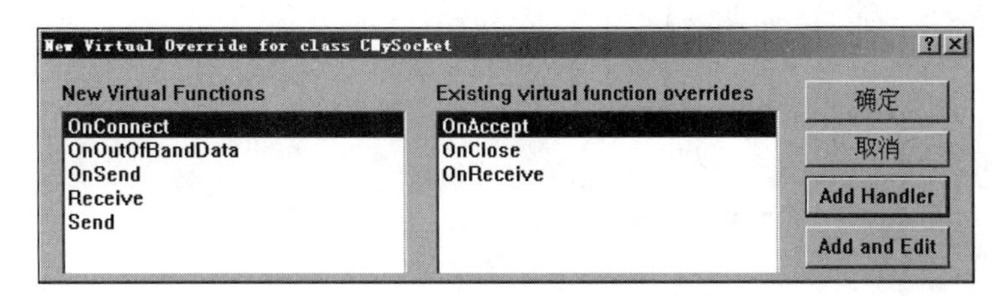

图 9-16　重载 3 个函数

```
void CMySocket::OnAccept(int nErrorCode) {
    //获得对话框的指针
    CPowerSerDlg * dlg=(CPowerSerDlg*)AfxGetApp()->GetMainWnd();
    if(dlg->server.Accept(dlg->client))
        dlg->m_listcli.AddString("一个客户端连接成功");
                                                   //client 套接字接受连接请求
    CAsyncSocket::OnAccept(nErrorCode);
}
```

在 OnReceive()函数中编写如下代码：

```
void CMySocket::OnReceive(int nErrorCode) {
    CStringstr_User,str_Password,flag;
    //获得对话框的指针
    CPowerSerDlg * dlg=(CPowerSerDlg*)AfxGetApp()->GetMainWnd();
    Receive(dlg->buff,200,0);
    //AfxMessageBox(dlg->buff);
    AfxExtractSubString (str_User,dlg->buff,0,'|');   //将用户名保存在 str_User 中
    AfxExtractSubString (str_Password,dlg->buff,1,'|');
    if(str_User.IsEmpty()||str_Password.IsEmpty()){
        AfxMessageBox("请输入用户名和密码!");
        //return FALSE;
    }
    else {    //如果用户输入了用户名和密码
        CString sql="select * from users where username='"+str_User+"' and
        passwd='"+str_Password+"'";          //生成 SQL 查询语句
        try {
            //查询数据库,看是否有此用户名和密码
            dlg->m_pRecordset.CreateInstance("ADODB.Recordset");
             dlg->m_pRecordset->Open((_variant_t)sql,_variant_t((IDispatch*)
             dlg->m_pConnection, true), adOpenStatic, adLockOptimistic,
             adCmdText);                        //执行 SQL 语句
            //如果没有此用户名和密码
            if(dlg->m_pRecordset->adoEOF)   {
                flag="false";                  //设置登录失败标识
            }
            else {    //用户名和密码存在,设置登录成功标识
```

```
                flag="true";
            }
            dlg->m_pRecordset->Close();
        }
        catch(_com_error e) {                    //捕捉异常
            CString temp;
            temp.Format("读取用户名和密码错误:%s",e.ErrorMessage());
            AfxMessageBox(temp);
        }
    }
    dlg->client.Send(flag,200,0);           //发送登录标识 flag 的值给客户端
    CAsyncSocket::OnReceive(nErrorCode);
}
```

在 OnClose()函数中编写如下代码:

```
void CMySocket::OnClose(int nErrorCode) {
    //获得对话框的指针
    CPowerSerDlg * dlg=(CPowerSerDlg*)AfxGetApp()->GetMainWnd();
    dlg->server.Close();
    dlg->client.Close();
    dlg->m_listcli.AddString("该客户端已断开连接");
    dlg->server.Create(5566);       //重新创建套接字,等待下一个客户端连接
    dlg->server.Listen(3);
    CAsyncSocket::OnClose(nErrorCode);
}
```

其中,通过重载 OnClose()函数可以让客户端断开连接后再次连接。

9.3.2 客户端程序的编制

客户端程序的编制步骤如下:

(1) 创建一个 MFC 工程。新建工程,选择 MFC APPWizard(exe),输入工程名(如 PowerCli),单击"下一步"按钮,在"MFC 应用程序向导"对话框的步骤 1 选择"基本对话框"单选按钮,在步骤 2 勾选 Windows Sockets 复选框。

(2) 制作用户登录界面。在工作空间窗口 ResourceView 选项卡中找到 Dialog 下的 IDD_POWERCLI_DIALOG,将该对话框的界面改为如图 9-17 所示,并设置各个控件的 ID 值。

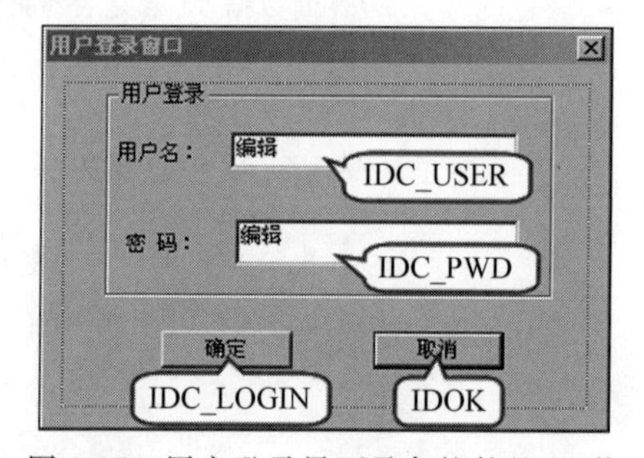

图 9-17 用户登录界面及各控件的 ID 值

(3) 按 Ctrl+W 键,或者在对话框界面上右击,在快捷菜单中选择"建立类向导"命令,在 MFC ClassWizard 对话框中,选择 Member Variables 选项卡,为两个编辑框绑定两个

CString 类型的成员变量：IDC_PWD→m_pwd，IDC_USER→m_user。

（4）执行菜单命令“插入”→“窗体”，在如图 9-18 所示的对话框中输入窗体名称 Main，在 Base class（基类）下拉列表框中选择 CDialog，就会插入一个类名为 Main 的对话框，作为登录成功后的欢迎界面。

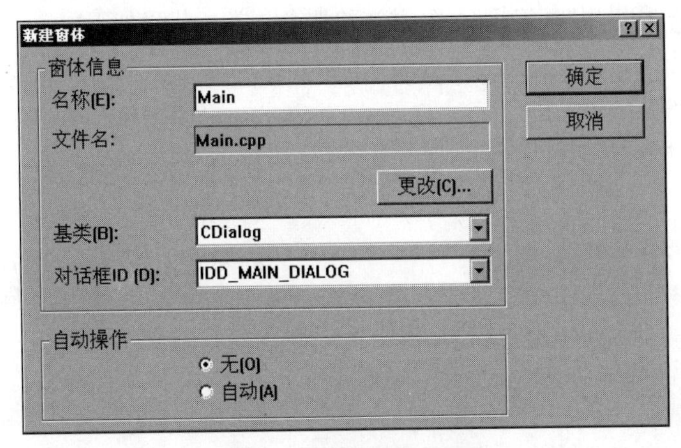

图 9-18 “新建窗体”对话框

提示： 用新建窗体的方法新建对话框，会自动为对话框创建类。

（5）为了使用 CAsyncSocket 类进行 TCP 通信，要新建 CAsyncSocket 的派生类 CMySocket。方法是：执行菜单命令“插入”→“类”，在“新建类”对话框中输入类的名称 CMySocket，在 Base class（基类）下拉列表框中选择 CAsyncSocket，可发现文件面板中为该类生成了 MySocket. cpp 文件和 MySocket. h 头文件。

（6）为了使程序对话框能使用 CAsyncSocket 类提供的子类和功能，在 PowerCliDlg. h 文件中引入 MySocket. h：

```
#include "MySocket.h"
```

再在该文件中创建一个套接字，代码如下：

```
class CPowerCliDlg : public CDialog{
public:
    CPowerCliDlg(CWnd* pParent=NULL);
    CMySocket client;              //创建通信套接字 client
    ...
}
```

（7）在 PowerCliDlg. cpp 文件中添加以下初始化对话框代码：

```
BOOL CPowerCliDlg::OnInitDialog()
{
    ...
    client.Create();
    client.Connect("127.0.0.1",5566);
```

```
    return TRUE;
}
```

(8) 为图 9-17 所示的用户登录窗口中的“确定”按钮添加代码。当用户单击该按钮后,客户端程序首先获取用户在编辑框中输入的用户名和密码,如果用户名和密码不为空,就把用户名和密码用“|”连接起来,发送给服务器端。代码如下:

```
void CPowerCliDlg::OnLogin() {
    UpdateData(true);                           //获取用户输入的内容
    if(m_user.IsEmpty()||m_pwd.IsEmpty()) {
        AfxMessageBox("用户名和密码不能为空!");
    }
    else{                                       //如果用户输入了用户名和密码
        client.Send(m_user+"|"+m_pwd,200,0);  //将用户名和密码连接后发送给服务器端
    }
}
```

至此,客户端就能发送用户名和密码给服务器端了,也就是实现了图 9-13 中第(1)步的功能。接下来,应该编写服务器端程序实现以下功能:接收用户名和密码,并查询用户名和密码是否正确,再发送用户是否登录成功的标识给客户端。也就是实现图 9-13 中第(2)、(3)步的功能。

(9) 在编写完服务器端程序后,就可接着编写客户端接收登录标识信息的程序,即实现图 9-13 中第(4)步的功能,因此请读者先完成 9.3.1 节中的服务器端程序,再编写本步骤的程序。

为了让客户端异步接收服务器端发来的登录标识信息,应使用 CMySocket 类的 OnReceive()函数。方法是:在类视图中,右击 CMySocket 类,在快捷菜单中选择 Add Virtual Function 命令,选择重载 OnReceive()函数,再在该函数中编写如下代码:

```
void CMySocket::OnReceive(int nErrorCode) {
    char buff[300];
    Receive(buff,200,0);
    if(strcmp(buff,"true")==0){
        AfxMessageBox("登录成功");
        //获得登录对话框的指针
        CPowerCliDlg * odlg=(CPowerCliDlg *)AfxGetApp()->GetMainWnd();
        Main dlg;                               //创建主对话框的实例 dlg
        odlg->EndDialog(0);                     //关闭登录界面
        dlg.DoModal();                          //弹出欢迎界面
    }
    else
        AfxMessageBox("用户名或密码错误");
        CAsyncSocket::OnReceive(nErrorCode);
    }
}
```

(10) 在上述代码中,因为 CMySocket 类用到了 CPowerCliDlg * odlg…,故应在

MySocket.cpp 文件中添加引用 CPowerCliDlg 类头文件的语句，代码如下：

```
#include "PowerCliDlg.h"
```

习题

1. 输出记录集中的字段值需要使用 RecordSet 对象的________方法。
2. 连接数据库需要使用________对象的________方法。
3. 要向记录集中添加记录，需要使用________方法和________方法。
4. 如果记录集对象的 BOF 和 EOF 属性值都为 TRUE，说明记录集为________。
5. 怎样设置程序默认启动的对话框？
6. 怎样在两个对话框之间传递参数？
7. 修改 9.3 节的程序，利用结构体变量保存用户名和密码，并发送给服务器端。

第 10 章　TCP 一对多通信程序

一个 TCP 连接是一对一的端到端连接，也就是说一个服务器端只能与一个客户端连接。而很多时候，一个服务器端要同时与很多个客户端进行通信。例如，在在线考试系统中，服务器端要同时为很多个考试客户端提供服务；又如，IIS 服务器采用的 HTTP 是建立在 TCP 之上的，要能够让很多客户端（这里是浏览器）同时访问网站。那么，如何才能让 TCP 通信程序实现一对多通信呢？

10.1　多线程程序的作用

对于 TCP 编程来说，要实现一对多通信，最简单的办法是采用多线程，在每个线程中分别与一个客户端建立连接并传输数据。

10.1.1　进程与线程

在传统的程序中，程序运行时只会产生一个主线程。所谓多线程编程，就是在程序中通过线程创建函数创建多个线程，这样，在程序运行时除了一个主线程外，还有很多子线程，每个线程分别完成一项相对独立的任务。为此，必须弄清进程和线程的概念。

1. 进程

进程是一个正在运行的程序的实例，是程序在其自身的地址空间中的一次执行活动。进程是资源申请、调度和独立运行的单位，使用系统中的运行资源。进程由两部分组成：

- 内核对象：是系统用来存放关于进程统计信息的区域。
- 地址空间：包含所有可执行模块或 DLL 模块的代码和数据；还包含动态内存分配的空间，如线程堆栈和堆分配空间。

进程是不活泼的，进程只是线程的容器。若要使进程完成某项操作，它必须拥有一个在它的环境中运行的线程，此线程负责执行包含在进程地址空间中的代码。

一个进程可以包含若干个线程，这些线程并发地执行进程地址空间中的代码。

2. 线程

线程是进程中的实体，一个进程可以包含多个线程，一个线程必须有一个父进程。当启动了一个应用程序时，操作系统将为它创建一个进程，同时创建该进程的主线程，并开始执行主线程。

线程不拥有系统资源，只有运行必需的一些数据结构。一个进程的所有线程共享该进程所拥有的全部资源。一个线程可以创建和撤销另一个线程，从而实现程序的并发执行。一般地,线程具有就绪、阻塞和运行3种基本状态。

线程是在某个进程环境中创建的。系统从进程的地址空间中分配内存,供线程的堆栈使用。新线程运行的进程环境与创建线程的环境相同,因此,新线程可以访问进程内核对象的所有句柄、进程中的全部内存空间和同一进程中的其他线程的堆栈,这使得单个进程中的多个线程能够相互通信。

同一进程所产生的线程共享同一内存空间。

主线程可以创建并启动其他子线程,由主线程创建的子线程又可以创建并启动更多的子线程。

操作系统为每一个线程安排一定的CPU时间,即时间片。操作系统通过循环的方式为线程提供时间片,线程在自己的时间片内运行。由于时间片很短,因此,用户感觉好像多个线程是同时运行的。如果计算机拥有多个CPU或多个核心,线程就可以真正并行地运行。

10.1.2 创建线程的步骤

1. 使用Win32 API函数创建线程

在程序中用Win32 API函数创建一个线程需要以下3个步骤。

1) 编写线程函数

所有线程必须从一个指定的函数开始执行,该函数称为线程函数。线程函数的声明必须具有类似下面的函数原型:

```
DWORD WINAPI ThreadFunc(LPVOID param){…}
```

然后将线程要执行的代码放在函数体中,即完成了线程函数的编写。

2) 创建一个线程

进程的主线程是在创建进程时自动创建的,但如果要让一个线程创建一个新的线程,则必须调用线程创建函数。Win32 API提供的线程创建函数是CreateThread()。该函数用来调用线程函数,从而运行线程函数中的代码。

该函数在其调用进程的进程空间里创建一个新的线程,并返回新线程的句柄。函数原型如下:

```
HANDLE CreateThread(LPSECURITY_ATTRIBUTES lpThreadAttributes,
    DWORD dwStackSize,
    LPTHREAD_START_ROUTINE lpStartAddress,     //线程函数名
    LPVOID lpParameter,                        //传递给线程函数的参数
    DWORD dwCreationFlags,LPDWORD lpThreadId
);
```

其中,第3、4、6个参数是必须设置的参数,它们的含义如下:

- 第3个参数指定线程的起始地址,通常为线程函数名。
- 第4个参数是线程执行时传递给线程的32位参数,即线程函数的参数。

• 第 6 个参数返回创建的线程的 ID。

CreateThread()的其余参数一般设为 0 或 NULL。例如：

```
hThread=CreateThread(NULL,0,ThreadFunc,hDCT,NULL,&ThreadID);
```

其中，ThreadFunc 是线程函数名。可以将该线程要执行的代码放在 ThreadFunc()函数中。

3）定义线程句柄

线程函数 CreateThread()会返回一个线程句柄，因此必须先定义线程句柄。

```
HANDLE m_hWaitThread;                    //定义线程句柄
HANDLE m_hRespondThread;                 //定义接收消息线程句柄
```

2. 使用 MFC 函数创建线程

MFC 的 CWinThread 类封装了 Windows API 的多线程机制，每个 CWinThread 对象都代表一个线程。MFC 中的线程包含两种类型：一种是用户界面线程，另一种是工作线程。这两种线程用于满足不同任务的处理需求。

1）创建一个线程

工作线程用于那些不要求用户输入并且比较消耗时间的任务。工作线程的编程思路与 Win32 API 的多线程编程基本一致：首先编写线程函数；然后使用 AfxBeginThread()函数创建并启动线程，该函数既可创建工作线程，又可创建用户界面线程。创建工作线程的函数原型如下：

```
CWinThread* AfxBeginThread(
    AFX_THREADPROC pfnThreadProc,
    LPVOID pParam,
    int nPriority=THREAD_PRIORITY_NORMAL,
    UINT nStackSize=0,
    DWORD dwCreateFlags=0,
    LPSECURITY_ATTRIBUTES lpSecurityAttrs=NULL
);
```

其中，第 1 个参数是线程函数名，第 2 个参数是传递给线程函数的参数，第 3 个参数是该线程的优先级。通常，使用该函数只需给出前两个参数即可，例如：

```
AfxBeginThread(selectThread,(LPVOID)this);      //this 是要传递的参数
```

2）编写线程函数

在 MFC 中，线程函数的声明必须具有类似下面的函数原型：

```
UINT ThreadFunction(LPVOID pParam) {
    …         //线程函数要执行的代码
}
```

10.2 控制台版本的多线程 TCP 通信程序实例

本节实现一个多线程 TCP 通信程序，该程序与 2.2 节的程序相比，最大的特点就是可以实现一对多通信，即一个服务器端可以与若干个客户端同时通信。一个服务器端与 3 个相同的客户端同时通信的运行效果如图 10-1 所示，其中，左上角的图为服务器端的通信内容，其余的图均为客户端的通信内容。

图 10-1　多线程 TCP 通信程序的界面

10.2.1 服务器端程序的原理

在 TCP 通信中，要使服务器端能够同时接受多个客户端的连接请求，可以把 accept()函数放到一个 while 循环中，这样 accept()函数就会执行很多次，每当有客户端发来连接请求时，accept()函数就会接受连接请求，从而实现服务器与多个客户端的连接。

服务器端每接受一个客户端连接请求，就创建一个子线程单独与这个客户端进行通信，只要让主线程在 accept()函数之后创建子线程，然后让主线程继续监听，处理新的连接请求，让子线程自行与客户端通信即可。程序的流程如图 10-2 所示。

需要注意的是，子线程要与一个客户端通信，必须知道这个客户端对应的套接字，因此必须把 accept()函数返回的套接字作为线程函数的参数传递给子线程。由于传递给线程函数的参数必须是指针类型，因此声明套接字时必须声明为指针类型，例如：

```
SOCKET * sockConn=new SOCKET;        //sockConn 是一个指针类型
    //sockConn 是指针指向的套接字
 * sockConn=accept(sockSer,(SOCKADDR * )&addrCli,&len)
```

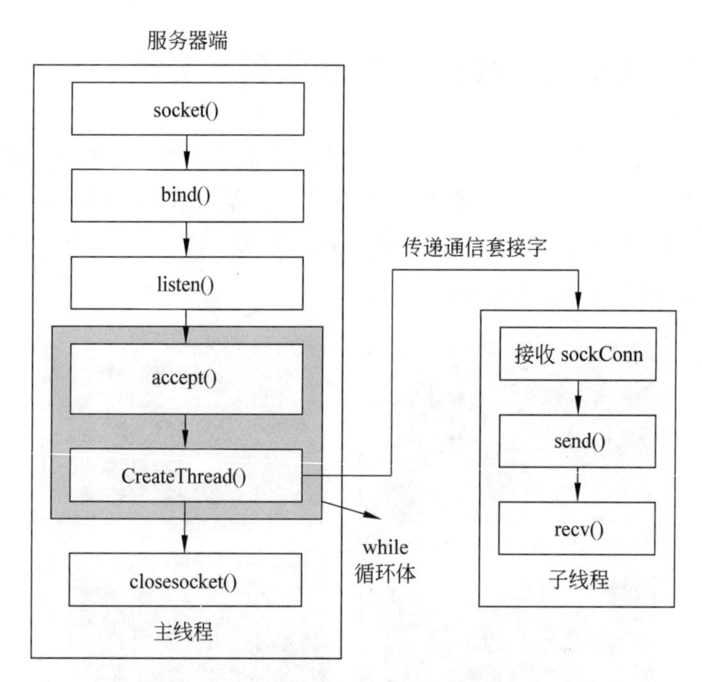

图 10-2　TCP 多线程通信的服务器端流程

10.2.2　服务器端程序的编制

本例只编制服务器端程序,客户端程序采用的是 2.2.2 节制作的程序。服务器端程序的制作步骤如下:

(1) 新建工程,选择 Win32 Console Application,输入工程名(如 MThreads),单击"下一步"按钮,在 Win32 Application 对话框中选中"一个简单的 Win32 程序"单选按钮。

(2) 在 MThreads.cpp 文件中输入如下代码:

```
#include <iostream.h>
#include <winsock2.h>
#pragma comment(lib,"ws2_32.lib")
DWORD WINAPI AnswerThread(LPVOID lparam);          //线程函数声明
int main(){
    WSADATA wsaData;
    if(WSAStartup(MAKEWORD(2,2), &wsaData)) {      //初始化 WinSock 协议栈
        cout<<"加载 WinSock 协议栈失败!";
        WSACleanup();
        return 0;
    }
    SOCKET sockSer;                                //创建监听套接字
    sockSer=socket(AF_INET,SOCK_STREAM,0);         //初始化套接字
```

```
    SOCKADDR_IN addrSer,addrCli;                    //服务器端要创建两个套接字地址
    addrSer.sin_family=AF_INET;
    addrSer.sin_port=htons(5566);
    addrSer.sin_addr.S_un.S_addr=inet_addr("127.0.0.1");
    bind(sockSer,(SOCKADDR*)&addrSer,sizeof(SOCKADDR));  //绑定套接字
    listen(sockSer,5);
    int len=sizeof(SOCKADDR);
    cout<<"等待客户端连接…"<<endl;
    while(TRUE){     //循环接受客户端连接请求,这里是关键
        SOCKET * sockConn=new SOCKET;                       //创建通信套接字
        //将 accept()函数放到 while 循环中,实现接受多个客户端的连接请求
        if((*sockConn=accept(sockSer,(SOCKADDR*)&addrCli,&len))==INVALID_
        SOCKET){
            cout<<"accept failed !\n";
            closesocket(*sockConn);
            WSACleanup();
            return -1;
        }
        //创建新线程
        DWORD ThreadID;                                     //双字
        CreateThread(NULL, 0, AnswerThread, (LPVOID)sockConn, 0, &ThreadID);
    }
    closesocket(sockSer);
    WSACleanup();
    return 0;
}
DWORD WINAPI AnswerThread(LPVOID lparam){      //线程函数 AnswerThread()
    char sendbuf[256];
    char recvbuf[256];
    SOCKET * sockConn=(SOCKET *)lparam;        //从参数中获得 sockConn
    while(1){
        recv(*sockConn,recvbuf,256,0);
        cout<<"客户端说:>"<<recvbuf<<endl;
        cout<<"服务器说:>";
        cin>>sendbuf;
        if(strcmp(sendbuf,"bye")==0){
            break;
        }
        send(*sockConn,sendbuf,strlen(sendbuf)+1,0);
    }
    return 0;
}
```

10.3 MFC版本的多线程TCP通信程序实例

图10-3是一个MFC版本的多线程TCP通信程序，该程序分为服务器端和客户端。服务器端能够同时接受多个客户端的连接请求，并能同时接收多个客户端发来的消息；服务器端还能将消息群发给所有已连接的客户端。

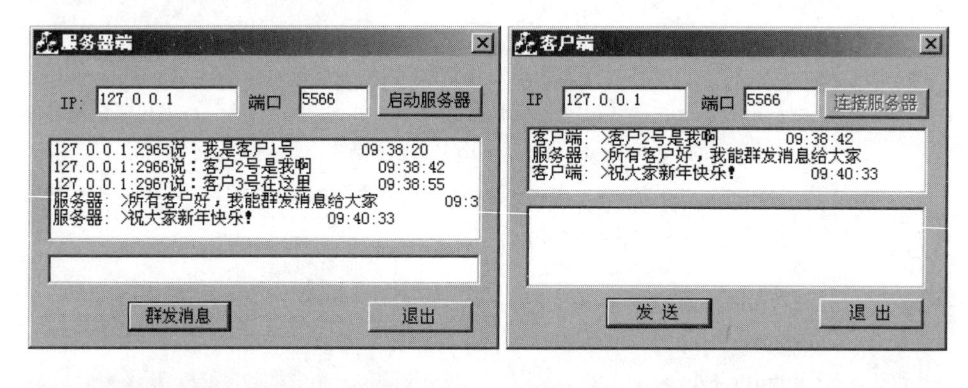

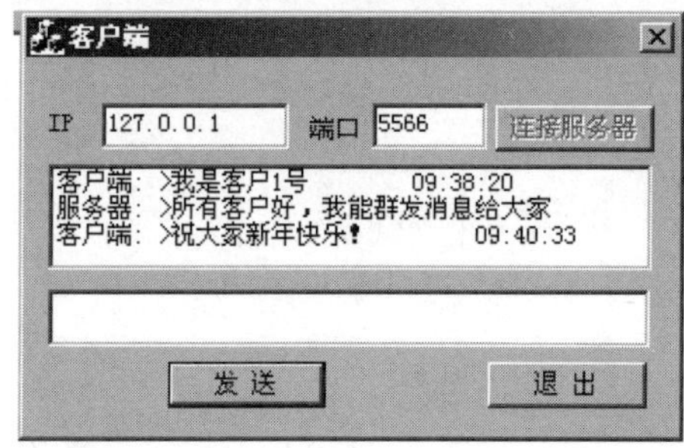

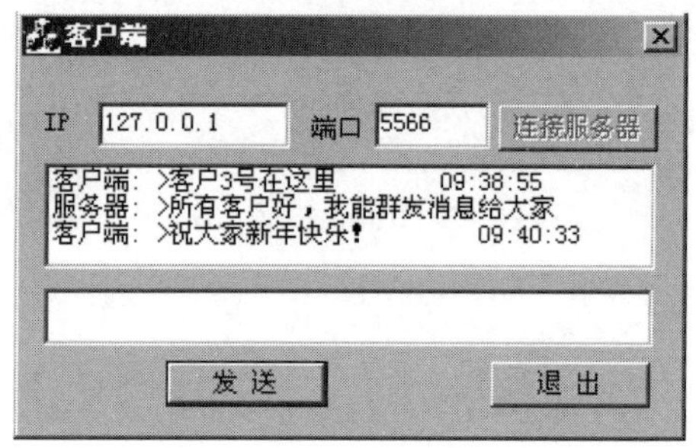

图10-3 多线程TCP通信程序界面

10.3.1 服务器端程序的原理

MFC版本的TCP通信程序的服务器端流程如图10-4所示。

服务器端接受连接请求和接收数据的实现思路是：服务器端创建一个等待连接线程，每当有新的客户端连接请求到来时，服务器端就接受该客户端的连接请求，并在等待连接线程中创建一个接收数据线程，接收客户端发来的数据。

服务器群发消息的实现原理是：将每个等待连接线程中accept()函数返回的套接字都保存到一个套接字数组中。然后在"群发消息"按钮的代码中，用for循环遍历套接字数组，循环执行send()函数，将消息发送给套接字数组中的所有套接字。

从图10-4可见，等待连接线程(WaitProc)和主线程必须分离，这样，等待连接时就不会因为阻塞而导致主界面失去响应。而10.2节的控制台版本的程序则不存在此问题，因为控制台程序没有主界面。

另外，在接收数据线程中无法操纵主线程中的控件。解决方法是：在子线程中使用

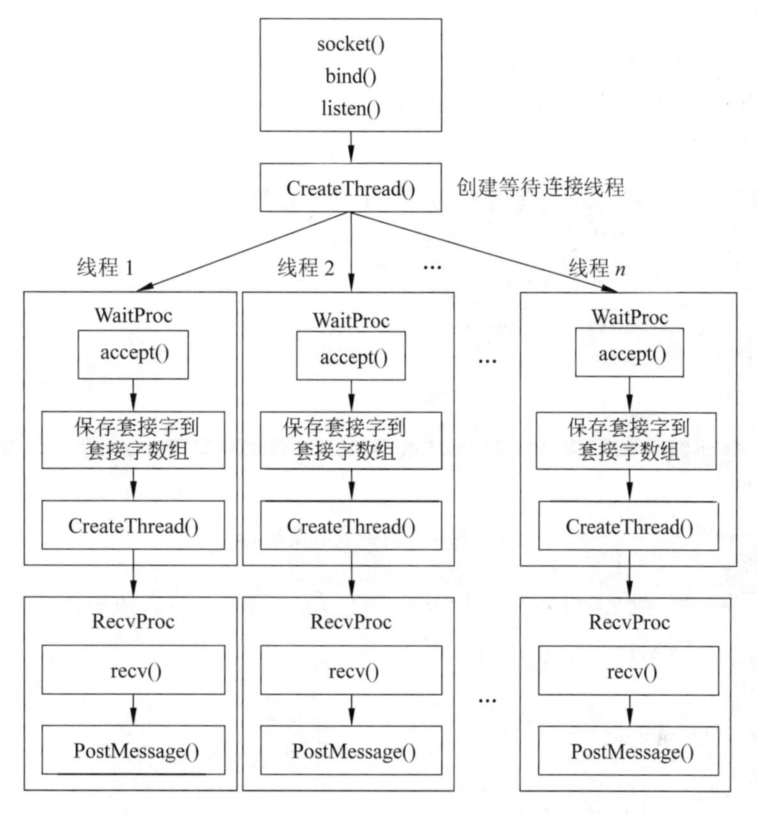

图 10-4　MFC 版本的 TCP 通信程序的服务器端流程

PostMessage()函数将要传递的数据发送给主线程，主线程接收这些数据并显示。

该程序的客户端是普通的 TCP 通信程序客户端，本例直接采用 6.3.2 节中制作的 TCP 通信程序客户端作为本程序的客户端，因此本实例只制作本程序的服务器端。

TCP 一对多通信 MFC 版

10.3.2　服务器端程序的编制

服务器端程序的编制步骤如下：

(1) 创建一个 MFC 工程。新建工程，选择 MFC APPWizard(exe)，输入工程名(如 Chat)，单击"下一步"按钮，在"MFC 应用程序向导"对话框的步骤 1 选中"基本对话框"单选按钮，单击"完成"按钮。

(2) 在工作空间窗口的 ResourceView 选项卡中找到 Dialog 下的 IDD_CHAT_DIALOG，将服务器端程序界面改为如图 10-5 所示，并设置各

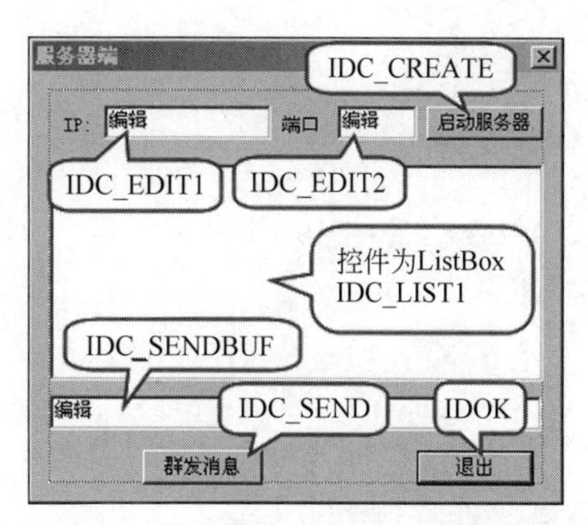

图 10-5　服务器端程序界面及控件 ID 值

个控件的ID值。

(3) 按Ctrl+W键，或者在服务器端程序界面上右击，在快捷菜单中选择“建立类向导”命令，打开MFC ClassWizard对话框，在Member Variables选项卡中为控件设置成员变量，如图10-6所示。

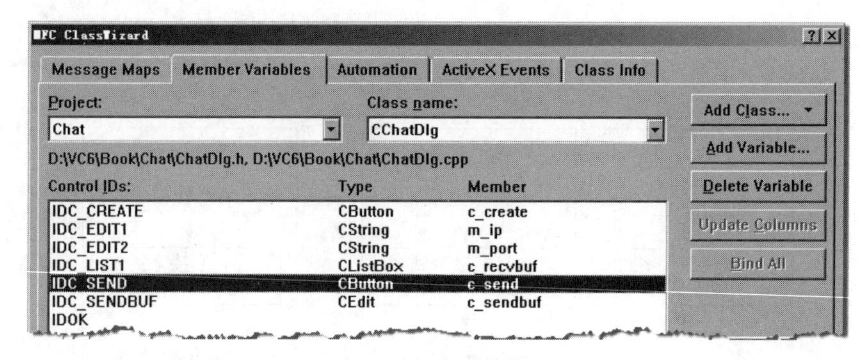

图10-6　设置成员变量

(4) 打开*Dlg.cpp文件，在OnInitDialog()函数中加入如下初始化代码：

```
BOOL CChatDlg::OnInitDialog(){
    ...
    m_ip=CString("127.0.0.1");              //默认的本机IP地址
    m_port=CString("5566");                 //默认的本机端口号
    UpdateData(FALSE);                      //将变量的值传到界面上
    c_send.EnableWindow(FALSE);             //使"群发消息"按钮无效
    return TRUE;
}
```

(5) 在*Dlg.h文件中，添加如下引用头文件和声明自定义消息的代码：

```
#include <afxsock.h>
#define WM_RECVDATA WM_USER+1               //添加自定义消息
```

(6) 在*Dlg.h文件中，声明用于在两个线程之间传递多个参数的结构体RECVPARAM以及线程函数和套接字变量，代码如下：

```
struct RECVPARAM{     //结构体,用于在两个线程之间传递套接字和窗口句柄
    SOCKET sock;
    HWND hwnd;
};
class CChatDlg : public CDialog{
public:
    static DWORD WINAPI WaitProc(LPVOID lpParameter);    //声明线程函数
    static DWORD WINAPI RecvProc(LPVOID lpParameter);
    CChatDlg(CWnd* pParent=NULL);                        //标准构造函数
    SOCKET m_socket;                                     //声明套接字变量
    ...
}
```

提示：

① 使用多线程时，线程函数如果是类的成员函数，则必须被定义成静态的(static)。

② 线程之间如果要传递多个变量值，可以把这些变量值放在一个结构体中。

(7) 在 * Dlg.h 文件中，声明消息处理函数，在//{{AFX_MSG(CChatDlg)下添加下面一行：

```
afx_msg void OnRecvData(WPARAM wParam,LPARAM lParam);
```

(8) 在 * Dlg.cpp 文件中，创建消息映射，在 BEGIN_MESSAGE_MAP(CChatDlg, CDialog)下面添加一行：

```
ON_MESSAGE(WM_RECVDATA,OnRecvData);
```

(9) 双击"启动服务器"按钮，为该按钮编写创建套接字并监听的代码：

```
void CChatDlg::OnCreate(){              //单击"启动服务器"按钮时
    m_socket=socket(AF_INET,SOCK_STREAM,0);
    if(INVALID_SOCKET==m_socket){
        MessageBox("套接字创建失败!");
}
    SOCKADDR_IN addrSock;
    addrSock.sin_family=AF_INET;
    addrSock.sin_addr.S_un.S_addr=inet_addr(m_ip);
    addrSock.sin_port=htons(atoi(m_port));
    int retval=bind(m_socket,(SOCKADDR * )&addrSock,sizeof(SOCKADDR));
    if(SOCKET_ERROR==retval){
        closesocket(m_socket);
        MessageBox("绑定失败!");
}
    listen(m_socket,5);                 //监听连接
    RECVPARAM * pRecvParam=new RECVPARAM;
    pRecvParam->sock=m_socket;          //设置线程要传递的套接字
    pRecvParam->hwnd=m_hWnd;            //设置线程要传递的窗口句柄
    //创建等待连接线程,并传递套接字和窗口句柄两个参数给该线程
    HANDLE hThread=CreateThread(NULL,0,WaitProc,(LPVOID)pRecvParam,0,
    NULL);
    CloseHandle(hThread);
}
```

(10) 在 * Dlg.cpp 文件中，在第一个函数的前面定义套接字数组 m_Clients(用于保存已连接的套接字)、客户端地址数组 addrCli(用于保存已连接的客户端地址)变量 num(用于保存套接字数组中套接字的数量)。代码如下：

```
SOCKET * m_Clients[10];
SOCKADDR_IN addrCli[10];
int num;
```

```
//CChatDlg dialog
```

(11) 编写等待连接线程函数 WaitProc(),该函数的主要功能是循环接受连接请求,一旦接受连接请求成功,则将套接字保存到套接字数组中,再创建接收数据线程 RecvProc,代码如下:

```
DWORD WINAPI CChatDlg::WaitProc(LPVOID lpParameter) {  //等待连接线程
    SOCKET sock=((RECVPARAM *)lpParameter)->sock;      //获取参数中的套接字
    HWND hwnd=((RECVPARAM *)lpParameter)->hwnd;
    SOCKADDR_IN addrFrom;
    int len=sizeof(SOCKADDR);
    CString strNotice;                          //通知消息
    for(int i=0;i<10;i++)                       //初始化套接字数组
        m_Clients[i]=0;
    num=0;                                      //保存套接字数组中的套接字数量
        while(1) {                              //循环接受各个客户端的连接请求
            Sleep(10);
            SOCKET *sockConn=new SOCKET;        //创建通信套接字
            *sockConn=::accept(sock, (SOCKADDR *)&addrFrom, &len);
            m_Clients[num]=sockConn;            //将套接字保存到套接字数组中
            addrCli[num]=addrFrom;              //将客户端地址保存到客户端地址数组中
            num++;
            if(INVALID_SOCKET==*sockConn) {
                strNotice="accept()失败,再次尝试…… ";
                ::AfxMessageBox(strNotice);
                continue;
            }
            else    AfxMessageBox("一个客户端已成功连接");
            DWORD dwThreadId=1;
            //启动相应的接收数据线程与客户端通信
            ::CreateThread(NULL, NULL, CChatDlg::RecvProc, ((LPVOID)sockConn),
            0, &dwThreadId);
    }
    return 0;
}
```

(12) 编写接收数据线程函数 RecvProc(),该函数的主要功能是接收数据。需要注意的是,接收数据线程接收到数据后,无法直接将数据显示在对话框(主线程)中,为此,必须利用 PostMessage()函数发送自定义消息,将接收的数据作为参数传递给对话框。代码如下:

```
DWORD WINAPI CChatDlg::RecvProc(LPVOID lpParameter){
    SOCKET *sockConn=(SOCKET *)lpParameter;     //从参数中获得 sockConn
    SOCKADDR_IN addrFrom;                       //用于保存客户端地址
    int len=sizeof(SOCKADDR);
```

```
        char recvBuf[200];
        char tempBuf[300];
        while(TRUE) {
            Sleep(10);
            int nRecv=::recv(*sockConn, recvBuf, 200, 0);     //接收数据
            if(nRecv >0){
                recvBuf[nRecv]='\0';          //在接收的数据末尾加'\0'
                AfxMessageBox(recvBuf);       //测试是否已接收到数据
            }
            char * strip;                     //用于保存客户端 IP 地址
            int strport;                      //用于保存客户端端口号
            getpeername(*sockConn, (struct sockaddr *)&addrFrom, &len);
                                              //获取客户端地址
            strip=inet_ntoa(addrFrom.sin_addr); //把获取的 IP 地址转换为主机字节顺序
            strport=ntohs(addrFrom.sin_port);   //把获取的端口转换为主机字节顺序
            if(SOCKET_ERROR==nRecv)
                break;
            sprintf(tempBuf,"%s:%d说：%s", strip,strport,recvBuf);
             ::PostMessage (AfxGetMainWnd () -> m _hWnd, WM _RECVDATA, 0, (LPARAM)
             tempBuf);
        }
        return 0;
    }
```

(13) 编写接收数据线程发送的自定义消息的处理函数 OnRecvData()，主要功能是接收 PostMessage()函数利用参数传来的数据，再把数据显示到对话框的列表框中。代码如下：

```
    void CChatDlg::OnRecvData(WPARAM wParam,LPARAM lParam){
        CString str=(char*)lParam;
        c_recvbuf.AddString(str);
    }
```

(14) 双击“群发消息”按钮，为该按钮编写群发消息给所有已连接的客户端的代码：

```
    void CChatDlg::OnSend(){                          //群发信息给所有客户端
        char buff[200];
        char * ct;
        CTime time=CTime::GetCurrentTime();           //获取当前时间
        CString t=time.Format("    %H:%M:%S");         //设置时间显示格式
        ct=(char*)t.GetBuffer(0);                     //CString 转 char*
        c_sendbuf.GetWindowText(buff,200);            //获取编辑框中的文本
        c_sendbuf.SetWindowText(NULL);                //清空编辑框中的文本
        CString Ser="服务器：>";
        strcat(buff,ct);
        for(int i=0;i<num;i++)               //循环执行 send()函数,发送消息给所有客户端
```

```
        send(*m_Clients[i],buff,strlen(buff)+1,0);
    c_recvbuf.AddString(Ser+buff);            //将已发送的消息添加到列表框中
}
```

提示：

① 创建线程后可立即用 CloseHandle()函数关闭线程句柄，这样并不会关闭线程。线程和线程句柄是不同的。线程是在 CPU 上运行的程序执行流的最小单元；线程句柄是一个内核对象，用来对线程执行操作，例如改变线程的优先级、等待其他线程、强制中断线程等，这时就需要使用线程句柄。如果新建一个线程，而不需要对它进行任何干预，则在创建线程后就可直接关闭线程句柄了。也就是说，线程的生命周期和线程句柄的生命周期是不一样的。线程的生命周期从线程函数执行开始。到 return 语句结束；而线程句柄的生命周期从 CreateThread()函数返回开始，到 CloseHandle()执行时结束。

② getpeername()函数可获得远程连接主机的 IP 地址和端口号等信息。

③ PostMessage()是消息发送函数，用来在不同的线程之间或线程与对话框之间发送消息。

习题

1. 在 Win32 API 中创建线程需要使用________函数，在 MFC 中创建线程需要使用________函数。
2. 在 Win32 API 中，线程函数的返回值一般声明为________类型。
3. 如果要在类中声明线程函数，应将线程函数的类型设置为________。
4. CreateThread()函数的第________个参数用于向线程函数传递参数。
5. 线程之间如果要传递多个变量值，应使用________。
6. 简述线程和进程的关系和异同点。
7. 将 9.3.2 节中的网络版用户登录程序改写成能同时接受多个客户端登录请求的程序。

第 11 章　使用 select 模型实现一对多通信

在第 10 章中，采用多线程技术实现了 TCP 的一对多通信，但如果客户端过多，就会导致服务器端的线程数量急剧增加，使得服务器的资源耗尽。能不能让服务器端在一个线程中同时与多个客户端进行通信呢？答案是可以的，这需要用到 I/O 复用模型，I/O 复用模型的核心是 select()函数，因此也称为 select 模型。select()函数可以管理多个套接字，使服务器端在单个线程中仍然能够处理多个套接字的 I/O 事件，达到与多线程操作类似的效果。

虽然用 ioctlsocket()函数把套接字设置成非阻塞的，然后利用循环逐个查看当前套接字是否有数据到来，也能实现 TCP 的一对多通信，但是这种方法需要不停地查看套接字，浪费 CPU 资源。

11.1　select 模型基础

select 模型使用 select()函数来管理套接字的 I/O。select()函数可以管理很多个套接字，但其数量仍然是有限的，在 WinSock 2 中，套接字集合中的元素最多为 64 个。如果需要管理更多的套接字，可以将 select()函数与多线程技术相结合，每当套接字数量是 64 的倍数时，就新建一个线程。

11.1.1　select 模型的集合与事件

为了实现一对多通信，需要在服务器端使用套接字集合，套接字集合中的每个套接字都可以与一个客户端单独通信。select()函数使用套接字集合 fd_set 管理多个套接字，fd_set 是一个结构体，用于保存一组套接字，它的定义如下：

```
typedef struct fd_set{
    unsigned int fd_count;
    SOCKET fd_array[FD_SETSIZE];
} fd_set;
```

其中，fd_count 用来保存集合中套接字的个数，而 fd_array(套接字数组)用于存储集合中所有套接字的描述符。FD_SETSIZE 是一个常量，在 WinSock2.h 中定义，其值为 64。

为了方便编程，select 模型提供了如下 4 个宏来对套接字集合进行操作。

- FD_ZERO(* set)：用来初始化 set 为空集合。套接字集合在使用前必须清空。
- FD_CLR(s, * set)：从 set 集合中移除套接字 s。
- FD_ISSET(s, * set)：检查 s 是不是 set 的元素，如果是则返回 TRUE。
- FD_SET(s, * set)：添加新的套接字到集合。

下面介绍 select()函数的使用。该函数的原型如下：

```
int select(
  int nfds,                       //一般为 0,仅为了与 Berkeley 套接字兼容
  fd_set * readfds,               //一个套接字集合,用于检查可读性
  fd_set * writefds,              //一个套接字集合,用于检查可写性
  fd_set * exceptfds,             //一个套接字集合,用于检查是否出错
  const struct timeval * timeout
                        //指定此函数等待的最长时间,若为 NULL,则最长时间为无穷大
)
```

该函数返回负值表示 select()函数执行出错，返回正值表示某些套接字可读写或出错，返回 0 表示 timeout 指定的时间内没有可读写或出错的套接字。

select()函数中间的 3 个参数指向的 3 个套接字集合分别用来保存要检查可读性(readfds)、可写性(writefds)和是否出错(exceptfds)的套接字。

select()函数返回时，如果有下列事件发生，对应的套接字不会被删除。

(1) 对于 readfds，主要有以下事件：

- 数据可读。
- 连接已经关闭、重启或中断。
- listen()函数已经被调用，并且有一个连接请求到达，accept()函数将成功。

(2) 对于 writefds，主要有以下事件：

- 数据能够发送。
- 如果一个非阻塞连接调用正在被处理，连接成功。

(3) 对于 exceptfds，主要有以下事件：

- 如果一个非阻塞连接调用正在被处理，连接失败。
- OOB(带外数据)可读。

可见，select 模型的优势在于可以同时等待多个套接字，当一个或者多个套接字可读或可写时，通知应用程序调用输入函数或者输出函数进行读或写。

select()函数就像一个消息中心，当消息到来时，通知应用程序接收和发送数据。应该看到 select 模型完成一次 I/O 操作时需经历两次 WinSock 函数的调用。例如，当接收对方数据时，首先调用 select()函数等待该套接字满足条件，其次调用 recv()函数接收数据。

因此，使用 select()函数的程序，其效率肯定会受到损失。因为，每一次套接字的 I/O 调用都会经过该函数，因而会给 CPU 带来繁重的额外负担。在套接字连接数不多的情况下，这种效率损失是可接受的；当套接字连接数很多时，该模型肯定会产生问题。

11.1.2 select 模型编程的步骤

使用 select 模型编程的基本步骤如下：

(1) 用 FD_ZERO 宏初始化需要的套接字集合。

(2) 用 FD_SET 宏将套接字句柄分配给相应的套接字集合。例如，如果要检查一个

套接字是否有需要接收的数据,则可用 FD_SET 宏把该套接字的描述符加入可读性检查套接字集合(select()函数的第 2 个参数指向的套接字集合)中。

(3) 调用 select()函数。该函数将会阻塞,直到满足返回条件。返回时,各套接字集合中无网络 I/O 事件发生的套接字将被删除。例如,对可读性检查集合 readfds 中的套接字,如果 select()函数返回时接收缓冲区中没有该套接字的数据需要接收,select()函数会把该套接字从套接字集合中删除。

(4) 用 FD_ISSET 宏对套接字句柄进行检查。如果被检查的套接字仍然在开始分配的那个套接字集合里,则说明马上可以对该套接字进行相应的 I/O 操作。例如,一个分配给可读性检查套接字集合 readfds 的套接字,在 select()函数返回后仍然在该集合中,则说明该套接字有数据已经到来,马上调用 recv()函数就可以读取成功。

实际上,一般的应用程序通常不会只有一次网络 I/O 操作,因此不会只有一次 select()函数调用,而应该是上述过程的循环,因此应把 select()函数的调用放到一个 while 循环里。

套接字被创建后,在 select 模型下,当发生网络 I/O 操作时,程序的执行过程是:向 select()函数注册等待 I/O 操作的套接字,循环执行 select()函数,阻塞并等待,直到网络 I/O 事件发生或超时返回,对返回的结果进行判断,针对不同的等待套接字进行对应的网络 I/O 处理。

11.2 群聊软件实例

使用 select 模型可以用很简洁的代码实现群聊软件。群聊软件分为服务器端和客户端,一个服务器端通过 select 模型可连接多个客户端,服务器端可以接收任何一个客户端发来的消息,然后把这个消息转发给其他客户端。该软件的运行结果如图 11-1 所示(启动了 3 个客户端)。select 模型仅用在服务器端,客户端使用的仍然是 6.3.2 节中制作的 TCP 通信程序客户端。

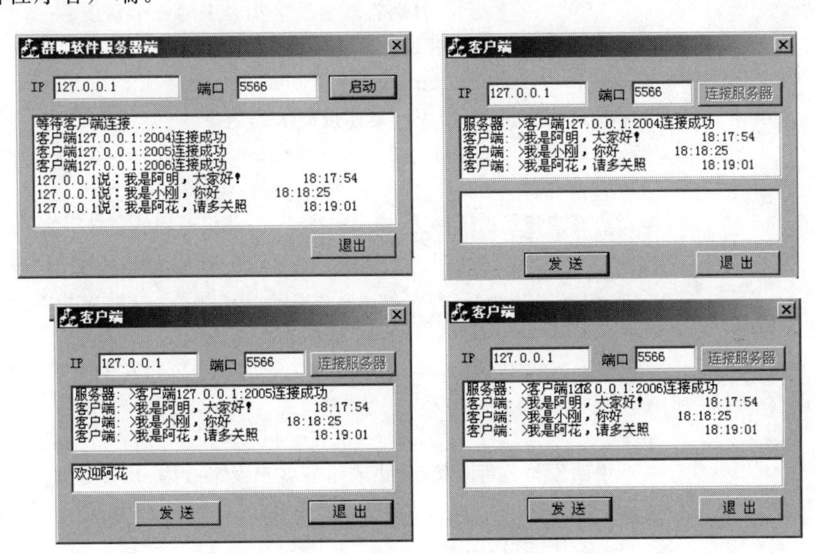

图 11-1 群聊软件运行结果

11.2.1 服务器端程序的原理

该群聊软件服务器端程序的原理是：首先将监听套接字加入套接字集合，然后将与每个客户端通信的通信套接字逐个加入套接字集合，因此套接字集合中的套接字如图 11-2 所示。

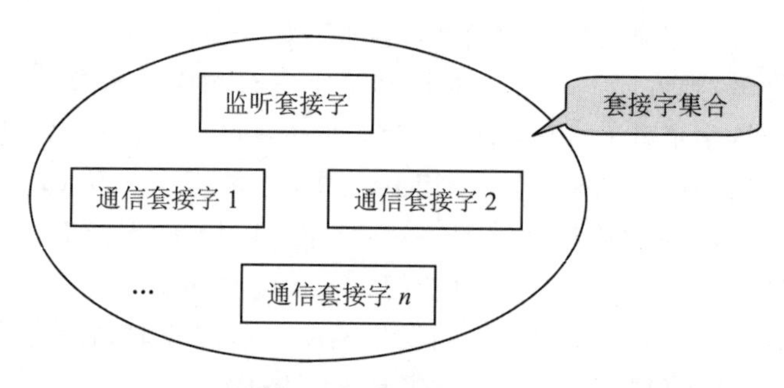

图 11-2 套接字集合

服务器端程序的核心是在一个新开的线程中调用 select()函数管理套接字集合，由于 select 模型从程序启动开始就要一直等待各个套接字的连接并通信，因此在 Windows 程序中，为了不阻塞主线程，必须把 select()函数放到一个单独的线程中。该线程的伪代码如下：

```
while(TRUE){                          //让 select()函数一直工作
    FD_ZERO(&fdread);                 //初始化 fdread
    fdread=p->fdsock;                 //将 fdsock 中的所有套接字添加到 fdread 中
    if(select(0, &fdread, NULL, NULL, NULL)>0){     //管理可读事件
        for(int i=0;i<p->fdsock.fd_count;i++){
                                      //分别管理套接字集合中的各个套接字
            //如果有数据可读或连接请求到达事件
            if(FD_ISSET(p->fdsock.fd_array[i], &fdread)) {
                //如果是监听套接字，则表示是连接请求到达事件
                if(p->fdsock.fd_array[i]==p->sock_server)
                {
                    //有客户连接请求到达，接受连接请求，并将返回的套接字加入套接字集合
                    …
                      newsock=accept(p->sock_server, (struct sockaddr *)
                      &client_addr, &addr_len);
                    FD_SET(newsock, &p->fdsock);     //将新套接字加入 fdsock
                }
                else{
                    //说明不是监听套接字，则表示有客户发来数据，接收数据
                    int size=recv(p->fdsock.fd_array[i],msgbuffer,sizeof
                    (msgbuffer),0);
                    if(size<0) {}                    //表示接收信息失败
```

```
                    else if(size==0){}                    //表示对方关闭了连接
                        else{                             //size>0,表示接收到了信息
                            p->c_recvbuf.AddString(msgbuffer);
                                                          //将信息显示到列表框中
                        }
                    }
                }
            }
        }
    }
}
```

因此,群聊软件服务器端程序的流程如图11-3所示。

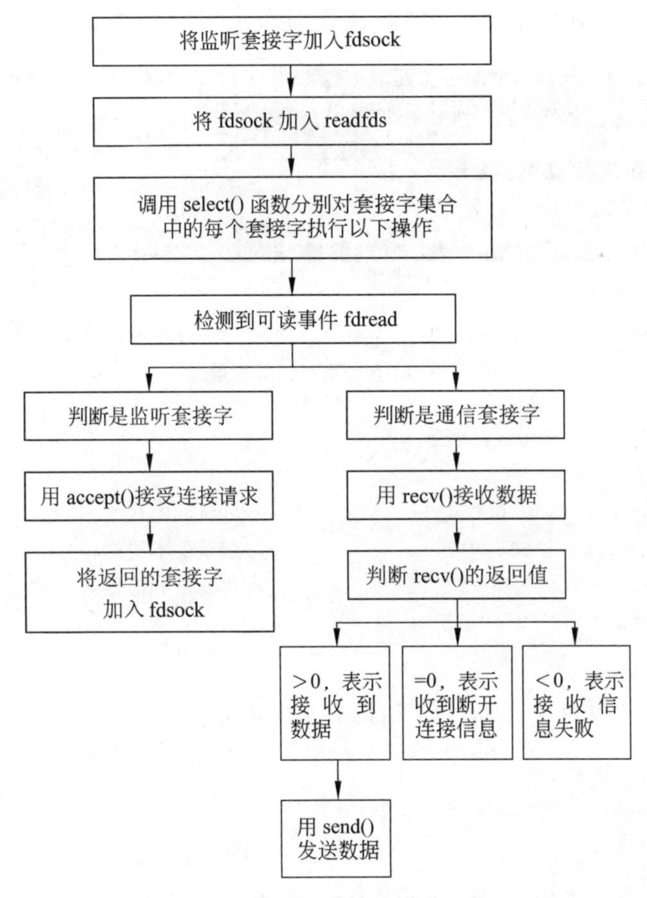

图11-3　群聊软件服务器端程序流程

11.2.2　服务器端程序的编制

select模型服务器端

该群聊软件服务器端程序编制的步骤如下:

（1）创建一个 MFC 工程。新建工程，选择 MFC APPWizard(exe)，输入工程名（如Selwins），单击“下一步”按钮，在“MFC 应用程序向导”对话框的步骤 1 选择“基本对话框”单选按钮，单击“完成”按钮。

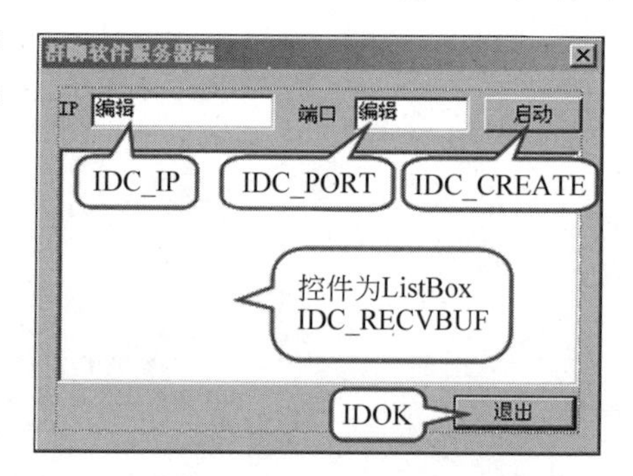

图 11-4　服务器端程序界面及控件 ID 值

（2）在工作空间窗口 ResourceView 选项卡中，找到 Dialog 下的 IDD_SELWINS_DIALOG，设置程序界面及各控件 ID 值，如图 11-4 所示。

（3）按 Ctrl + W 键“建立类向导”，打开 MFC ClassWizard 对话框，在 Member Variables 选项卡中为控件设置成员变量，如图 11-5 所示。

（4）初始化程序界面。打开 * Dlg. cpp 文件，在 OnInitDialog()函数中加入如下代码：

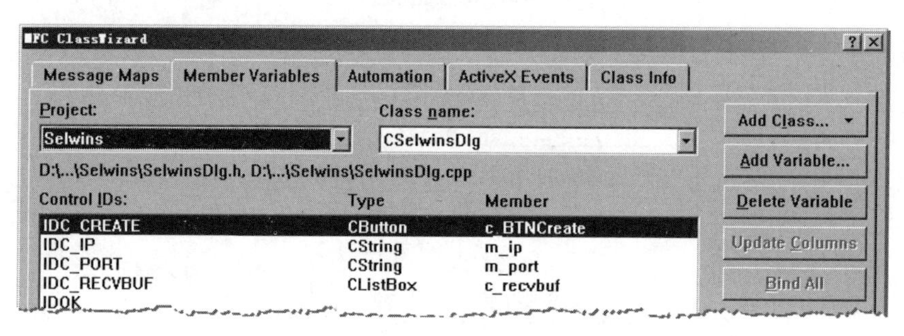

图 11-5　设置成员变量

```
BOOL CSelwinsDlg::OnInitDialog(){
    ...
    m_ip=CString("127.0.0.1");                //默认的本机 IP 地址
    m_port=CString("5566");                   //默认的本机端口号
    UpdateData(FALSE);                        //将变量的值传到界面中
    return TRUE;
}
```

（5）在 * Dlg. h 文件中，添加如下引用头文件和定义端口号常量的代码。

```
#include "winsock2.h"
#pragma comment(lib,"ws2_32.lib")
#define PORT 5566                             //定义端口号常量
```

（6）在 * Dlg. h 文件中，声明套接字变量、线程函数以及管理套接字集合的变量，代码如下：

```
class CSelwinsDlg : public CDialog{
public:
    CSelwinsDlg(CWnd * pParent=NULL);        //标准构造函数
    SOCKET sock_server,newsock;              //定义监听套接字和通信套接字变量
```

```
    fd_set fdsock;                          //保存所有套接字的集合
    fd_set fdread;                          //select()函数要检测的可读套接字集合
    struct sockaddr_in addr;                //存放本机地址的 sockaddr_in 结构体变量
    static UINT selectThread(LPVOID a);     //声明线程函数
    …
}
```

(7) 双击“启动”按钮,为该按钮编写创建套接字并进行监听的代码:

```
char msgbuffer[100],sendbuf[130],Climsg[40];  //定义用于接收客户端信息的缓冲区
void CSelwinsDlg::OnCreate() {
    c_BTNCreate.EnableWindow(FALSE);           //使"启动"按钮无效
    WSADATA wsaData;
    if(WSAStartup(MAKEWORD(2,2),&wsaData)!=0) {
        c_recvbuf.AddString("加载 winsock.dll 失败! \n");
    }
    if((sock_server=socket(AF_INET,SOCK_STREAM,0))<0) {     //创建套接字
        c_recvbuf.AddString("创建套接字失败! \n");
        WSACleanup();
    }
    int addr_len=sizeof(struct sockaddr_in);
    memset((void *)&addr,0,addr_len);
    addr.sin_family=AF_INET;
    addr.sin_port=htons(PORT);
    addr.sin_addr.s_addr=htonl(INADDR_ANY);    //允许套接字使用本机的任何 IP 地址
    if(bind(sock_server,(struct sockaddr *)&addr,sizeof(addr))!=0) {
        c_recvbuf.AddString("地址绑定失败! \n");
        closesocket(sock_server);
        WSACleanup();
    }
    if(listen(sock_server,5)==0)
        c_recvbuf.AddString("等待客户端连接……\n");
    FD_ZERO(&fdsock);                          //初始化 fdsock
    FD_SET(sock_server, &fdsock);              //将监听套接字加入套接字集合 fdsock
    AfxBeginThread(&CSelwinsDlg::selectThread,(LPVOID)this);        //创建线程
}
```

(8) 编写线程函数 selectThread()。该函数主要功能是管理套接字集合,其功能分为三大块:①接受连接请求;②接收数据;③发送数据。其中,接受连接请求和接收数据都是对 fdread 集合进行判断。如果该集合中的套接字为监听套接字,则接受连接请求;而如果该集合中的套接字为通信套接字,则接收数据。如果接收数据成功,则表明也可发送数据,此时使用 for 循环向 fdsock 中的所有其他套接字发送数据。代码如下:

```
UINT CSelwinsDlg::selectThread(LPVOID a){
    fd_set fdread;                          //select()函数要检测的可读套接字集合
```

```
fd_set writefds;                        //select()函数要检测的可写套接字集合
SOCKET newsock;                         //声明通信套接字
struct sockaddr_in client_addr;         //存放客户端地址的 sockaddr_in 变量
CSelwinsDlg * p;                        //获得窗口的句柄
int addr_len=sizeof(struct sockaddr_in);
p=(CSelwinsDlg * )a;
while(TRUE){                            //循环:接受连接请求并收发数据
    FD_ZERO(&fdread);                   //初始化 fdread
    fdread=p->fdsock;                   //将 fdsock 中的所有套接字添加到 fdread 中
    writefds=p->fdsock;
    if(select(0, &fdread, NULL, NULL, NULL)>0){             //管理 fdread
        for(int i=0;i<p->fdsock.fd_count;i++){
            if(FD_ISSET(p->fdsock.fd_array[i], &fdread)){
                if(p->fdsock.fd_array[i]==p->sock_server) //如果是监听套接字
                {                       //有客户连接请求到达,接受连接请求
                    newsock=accept(p->sock_server, (struct sockaddr * )
                    &client_addr, &addr_len);
                   if(newsock==INVALID_SOCKET){
                                        //accept()函数出错,则终止所有通信
                      p->c_recvbuf.AddString("accept()函数调用失败! \n");
                      for(int j=0;j<p->fdsock.fd_count;j++)
                          closesocket(p->fdsock.fd_array[j]);
                                        //关闭所有套接字
                      WSACleanup();             //注销 WinSock 动态链接库
                   }
                   else{                //接受客户端连接请求成功
                        sprintf(Climsg,"客户端%s:%d 连接成功",inet_ntoa
                        (client_addr.sin_addr),ntohs(client_addr.sin_
                        port));
                      p->c_recvbuf.AddString(Climsg);        //提示连接成功
                      send(newsock,Climsg,strlen(Climsg)+1,0);
                                                             //发送提示信息
                      FD_SET(newsock, &p->fdsock); //将新套接字加入 fdsock
                   }
                }
                else{                   //有客户端发来数据,接收数据
                   memset((void * ) msgbuffer,0, sizeof(msgbuffer));
                                        //缓冲区清零
                   int size=recv(p->fdsock.fd_array[i],msgbuffer,sizeof
                   (msgbuffer),0);
                   if(size<0)           //接收信息
                      p->c_recvbuf.AddString("接收信息失败!");
                   else if(size==0)
                        p->c_recvbuf.AddString("对方已关闭! \n");
                      else{             //显示收到信息
                        //获取对方 IP 地址
```

```
                        getpeername(p->fdsock.fd_array[i], (struct
                        sockaddr * )&client_addr, &addr_len);
                        sprintf(sendbuf,"%s 说: %s",inet_ntoa(client_
                        addr.sin_addr),msgbuffer);
                        p->c_recvbuf.AddString(sendbuf);
                        for(int j=0;j<p->fdsock.fd_count;j++) {
                            //群发消息的代码去掉监听套接字和发送消息的套接字
                            if(p->fdsock.fd_array[j]!=p->sock_server
                            && j!=i)
                                send(p->fdsock.fd_array[j],msgbuffer,
                                strlen(msgbuffer)+1,0);
                                                    //向所有成员转发收到的信息
                        }
                    break;
                }
                closesocket(p->fdsock.fd_array[i]);          //关闭套接字
                FD_CLR(p->fdsock.fd_array[i],&(p->fdsock));
                                                    //清除已关闭套接字
            }
        }
      }
    }
    else{
        p->c_recvbuf.AddString("select()函数调用失败!");
        break;                                      //终止循环,退出程序
    }
  }
  return 0;
}
```

在本例中,发送数据前也可对 writefds 集合进行判断,如果该集合不为空,则表示可以发送数据。因此,上述代码也可改写成如下形式:

```
if(select(0, &fdread, &writefds, NULL, NULL)>0) {
    for(int i=0;i<p->fdsock.fd_count;i++){
        ...
        if(FD_ISSET(p->fdsock.fd_array[i], &writefds)) {
                                              //对 writefds 集合进行判断
            for(int j=0;j<p->fdsock.fd_count;j++){   //群发消息代码
                if(p->fdsock.fd_array[j]!=p->sock_server && j!=i)
                send(p->fdsock.fd_array[j],msgbuffer,strlen(msgbuffer)+1,0);
            }
        }
    }
}
```

提示：本例采用 MFC 提供的线程函数 AfxBeginThread()创建线程。

11.3 服务器远程监控系统实例

对于网络管理员来说，需要及时地掌握各台服务器的工作状态，服务器断电或断网都会导致服务器上的应用系统无法工作。本节将开发一个服务器远程监控系统的原型。其工作原理是：在每台要监控的服务器上部署一个被控端(客户端)，在网络管理员的计算机上安装一个监控端(服务器端)。被控端每 15s 自动向监控端发送一条工作正常的消息，因此，监控端如果收到被控端发来的消息，就表明被控端仍然正常工作。

本系统的监控端程序直接使用 11.2 节的群聊软件服务器端程序，这样监控端就能接收很多台被控端发来的消息，从而同时监控多台服务器。监控端的运行效果如图 11-6 所示。

被控端程序就是一个能够定时发送消息的 TCP 通信程序客户端。定时发送消息需要用到 MFC 的定时器功能。被控端程序的制作步骤如下：

(1) 创建一个 MFC 工程，输入工程名(如 TimerCli)，单击“下一步”按钮，在“MFC 应用程序向导”对话框的步骤 1 选择“基本对话框”单选按钮，在步骤 2 勾选 Windows Sockets 复选框，单击“完成”按钮。

(2) 在工作空间窗口的 ResourceView 选项卡中，找到 Dialog 下的 IDD_TIMERCLI_DIALOG，设置被控端程序界面及各控件 ID 值，如图 11-7 所示。

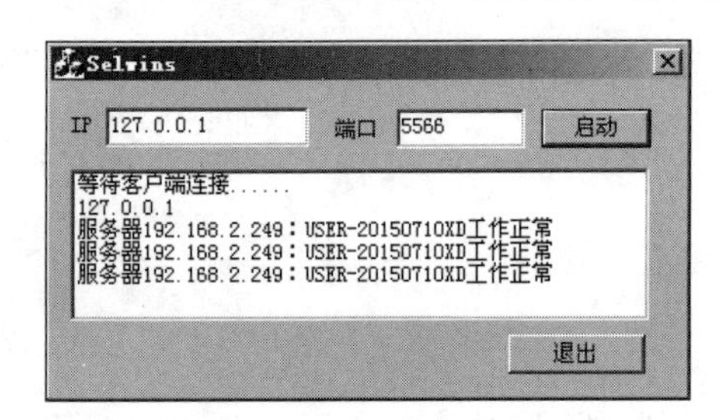

图 11-6 监控端的运行效果

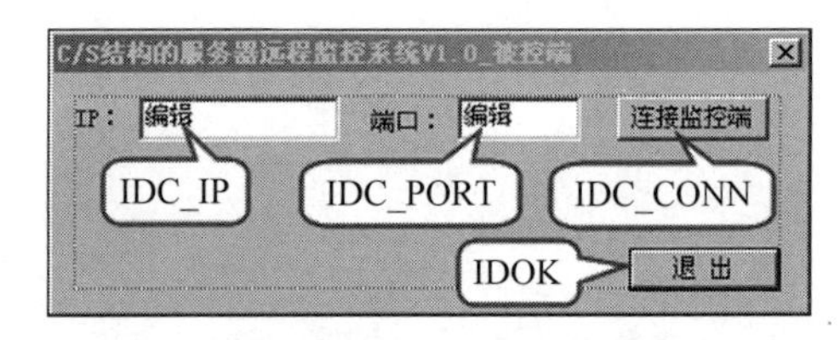

图 11-7 被控端程序的界面及控件 ID 值

(3) 按 Ctrl＋W 键“建立类向导”，打开 MFC ClassWizard 对话框，在 Member Variables 选项卡中为控件设置成员变量 m_ip、m_port 和 c_conn。

(4) 在 TimerCliDlg.h 头文件中，创建一个套接字，代码如下：

```
class CTimerCliDlg : public CDialog{
public:
    CTimerCliDlg(CWnd* pParent=NULL);
    CSocket m_sockSend;                //创建套接字
    ...
}
```

(5) 在 TimerCliDlg.cpp 文件中，添加如下对话框初始化代码：

```
BOOL CTimerCliDlg::OnInitDialog(){
```

```
    …
    m_ip=CString("127.0.0.1");        //默认的目的 IP 地址
    m_port=CString("5566");           //默认的目的端口
    UpdateData(FALSE);                //将变量的值传到界面中
    return TRUE;
}
```

被控端要定时向主控端发送消息，为此，在被控端程序中要实现定时器。

下面介绍创建定时器的方法。

在如图 11-8 所示的 MFC ClassWizard 对话框中，选择 Message Maps 选项卡，在左侧的 Object IDs 列表框中选择对话框对象，在右侧的 Messages 列表框中找到 WM_TIMER消息并双击，在下方的 Member functions 列表框中就会为该对话框新增一个名为 OnTimer 的成员函数。

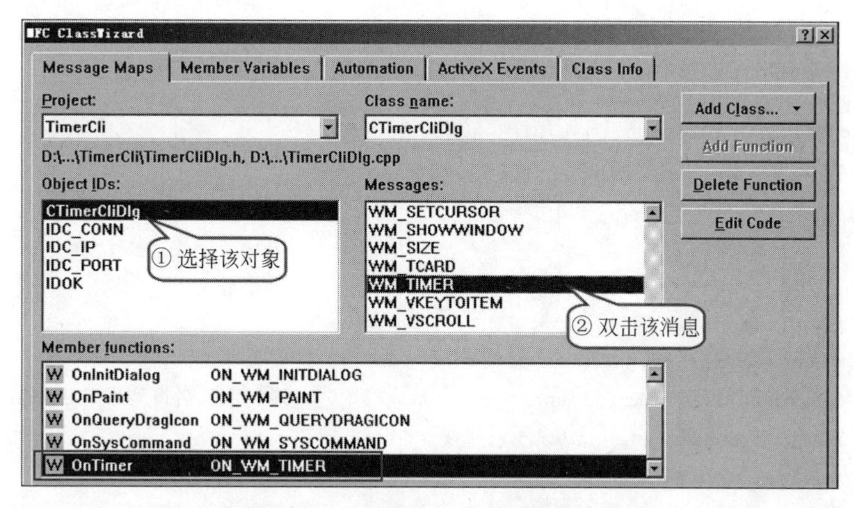

图 11-8 为对话框对象新增成员函数

在 TimerCliDlg. cpp 文件的代码视图中，自动添加如下代码：

```
void CTimerCliDlg::OnTimer(UINT nIDEvent)
{
    …
    CDialog::OnTimer(nIDEvent);
}
```

这样定时器就创建好了。被控端程序会按照设定的时间间隔自动执行 OnTimer() 函数中的代码。

接下来介绍启动定时器的方法。

本程序应该在连接监控端成功后才定时向监控端发送消息，因此应该把启动定时器的代码写在“连接监控端”按钮的消息处理函数中，双击该按钮，编写如下代码：

```
void CTimerCliDlg::OnConn() {
```

```
    UpdateData(TRUE);                                    //获取编辑框中的值
        m_sockSend.Create();                             //创建套接字,采用自动分配的端口号
        if(m_sockSend.Connect(m_ip,atoi(m_port))) {      //连接目的 IP 地址
            MessageBox("客户端连接成功");
            c_conn.EnableWindow(FALSE);                  //禁止再连接
        }
        else    MessageBox("客户端连接不成功");
        SetTimer(1,15000,NULL);                          //启动定时器的代码,每 15s 执行一次
    }
```

其中,SetTimer(1,15000,NULL)是启动定时器的函数。该函数的 3 个参数的含义为：1 是计时器的编号;15000 是时间间隔,单位是毫秒;NULL 表示使用 onTimer()函数。

最后,编写定时执行的代码。

在 TimerCli. dlg 文件的 OnTimer()函数中,编写如下定时执行的代码：

```
    void CTimerCliDlg::OnTimer(UINT nIDEvent) {
        CString Cli="服务器：>";
        char hostname[100];
        hostent * hst;
        in_addr inaddr;
        char * pp=NULL;
        gethostname(hostname,sizeof(hostname));          //先获取主机名
        hst=gethostbyname(hostname);                     //通过主机名得到本机 IP 地址
        memcpy((char * )(&inaddr),hst->h_addr_list[0],hst->h_length);
        pp=inet_ntoa(inaddr);                            //pp 保存了本机的 IP 地址
        CTime time=CTime::GetCurrentTime();              //获取当前时间
        CString t=time.Format("    %H:%M:%S");           //设置时间显示格式
        char * tt;                                       //声明 char *
        tt=(char * )t.GetBuffer(0);                      //将时间 t 由 CString 转换成 char *
        char sbuff[254];
        sprintf(sbuff,"服务器%s：%s\r\n 工作正常      %s", pp,hostname,tt);
        Sleep(10);
        m_sockSend.Send(sbuff,255);
        CDialog::OnTimer(nIDEvent);
    }
```

至此,被控端就能定时向监控端发送消息了。读者可在该程序的基础上进行扩展,使被控端能定时向监控端发送 CPU 占用率和内存使用率等信息。其中,获得 CPU 占用率的 Win32 API 函数是 GetSystemTimes(),获得内存使用率的 Win32 API 函数是 GlobalMemoryStatusEx()。还可为监控端添加发送自动重启命令给被控端的功能,被控端收到命令后调用相应的 Win32 API 函数实现重启。

习题

1. 在(　　)时不会触发select()函数中的可读事件。

   A. 有数据可接收　　B. 有连接请求到达

   C. 有连接断开　　D. 有数据可发送

2. 在以下的宏中,可以用(　　)将一个套接字加入select()函数的集合中。

   A. FD_ZERO　　B. FD_SET　　C. FD_CLR　　D. FD_ISSET

3. select()函数有(　　)个参数。

   A. 3　　B. 4　　C. 5　　D. 6

4. select()函数可以管理的套接字集合有________、________、________。

5. select()函数的返回值等于0表示________。

6. 简述使用select模型实现TCP一对多通信的步骤。

7. 使用select模型将9.3.1节的网络版用户登录程序服务器端改写成一对多通信程序。

第 12 章　在线考试系统

虽然第 11 章中使用的 select 模型能够实现一对多通信，但效率仍然比较低，能够连接的客户端数量也不能太多。在实际的网络应用程序中，一般采用重叠 I/O 模型或 I/O 完成端口来实现一对多的通信。本章将采用 I/O 完成端口来实现一个在线考试系统。由于 I/O 完成端口也涉及重叠 I/O 模型，本章先讲述重叠 I/O 模型。

12.1　重叠 I/O 模型

重叠 I/O(Overlapped I/O)本来是一种 Windows 的一种文件操作技术，因为在传统文件操作中，当对文件进行读写时，线程会阻塞在读写操作上，直到读写完成才返回。当文件很大时，程序就会长时间阻塞在文件的读写操作上，从而浪费很多时间，导致程序的性能下降。

为此，Windows 引入了重叠 I/O 的概念，它能够同时使用多个线程处理多个 I/O，这看起来和第 10 章中通过编写多线程程序同时处理多个 I/O 似乎很相似，但两者实际上是有区别的。多线程程序是在用户层面上使用多个线程处理多个 I/O；而重叠 I/O 模型是在系统层面上实现的多线程，而且系统内部能对 I/O 处理在性能上进行优化，因此使用重叠 I/O 模型比用户自己编写多线程程序在性能上要好得多。可以认为，重叠 I/O 模型才是真正的非阻塞模型。重叠的含义是执行 I/O 操作的线程与执行其他任务的线程在时间上是重叠的。

以 Windows 重叠 I/O 机制为基础，从 WinSock 2 开始，重叠 I/O 模型被引入 WinSock 套接字函数，只不过这些函数都是 WinSock 2 的扩展函数，函数名以 WSA 开头。例如，send()和 recv()函数的 WinSock 2 扩展版分别为 WSASend()和 WSARecv()。这些扩展函数的格式不再与 BSD Socket 的套接字函数兼容，通常比原来的函数要多 3 个参数。如果编程时要使用重叠 I/O 模型，就需要使用 WinSock 2 扩展版的套接字函数。

12.1.1　WSAOVERLAPPED 结构体

重叠 I/O 模型的核心是重叠结构体 WSAOVERLAPPED。在 WSASend()和 WSARecv()函数中都必须指定需要绑定的 WSAOVERLAPPED 结构体对象。该结构体的定义如下：

```
typedef struct _WSAOVERLAPPED {
    DWORD Internal;
    DWORD InternalHigh;
    DWORD Offset;
```

```
    DWORD OffsetHigh;
    WSAEVENT hEvent;            //关联的事件对象句柄
} WSAOVERLAPPED, FAR * LPWSAOVERLAPPED;
```

在该结构体中，Internal 和 InternalHigh 为系统内部使用的字段，不能由应用程序使用，只能被底层操作系统使用；Offset 和 OffsetHigh 在重叠套接字中被忽略；hEvent 是一个有效的 WSAEVENT 对象的句柄，它是一个与重叠 I/O 操作相关联的事件对象，I/O 操作完成时，该事件对象将变为已授信(signaled)状态。因此，该结构体使用时，一般只需设置 hEvent 即可。

在重叠 I/O 模型下，对套接字的读写调用将立即返回，这时候应用程序可以去做其他的工作，系统会自动完成具体的 I/O 操作。另外，应用程序也可以同时发出多个读写操作调用，当系统完成 I/O 操作时，会将 WSAOVERLAPPED 中的 hEvent 置为授信状态。

可以通过调用 WSAWaitForMultipleEvents()函数来等待这个 I/O 完成通知。在得到通知信号后，就可以调用 WSAGetOverlappedResult()函数来查询 I/O 操作的结果，并进行相关处理。由此可知，WSAOVERLAPPED 结构体在一个重叠 I/O 请求的初始化及其后续的完成过程之间提供了一种沟通或通信机制。

与 I/O 复用、WSAAsyncSelect 以及 WSAEventSelect 等模型相比，WinSock 的重叠 I/O 模型能使应用程序达到更佳的性能。因为与其他模型不同的是，重叠 I/O 模型的程序能够通知缓冲区收发系统直接使用数据。换句话说，如果应用程序定义了一个 8KB 大小的缓冲区用来接收数据，且数据已经到达目的套接字，则该数据将直接被复制到应用程序的缓冲区。而在其他几种模型中，当数据到达某个目的套接字后，首先被放到套接字的缓冲区中，系统再通知应用程序可以读入的字节数，应用程序调用接收函数，数据才会从套接字的缓冲区复制到应用程序的缓冲区。因此，重叠 I/O 模型的效率优势在于减少了一次从套接字缓冲区到应用程序缓冲区的复制操作，其原理如图 12-1 所示。

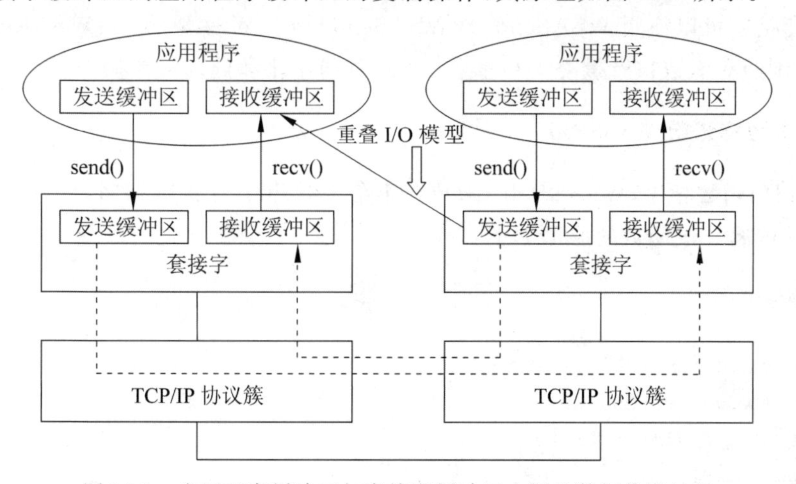

图 12-1　应用程序缓冲区与套接字缓冲区之间的数据传递过程

12.1.2 重叠I/O模型的常用函数

重叠I/O模型需要使用WinSock 2扩展版的函数。本节介绍最常用的几个函数。

1. 创建套接字函数WSASocket()

若想以重叠方式使用套接字,必须用WSASocket()函数以重叠方式(标志为WSA_FLAG_OVERLAPPED)创建套接字。该函数的原型如下:

```
SOCKET WSASocket(
    int af,
    int type,
    int protocol,
    LPWSAPROTOCOL_INFO lpProtocolInfo,
    GROUP g,
    DWORD dwFlags              //这个参数用来设置重叠标志
);
```

其中,前3个参数与socket()函数的3个参数完全相同。后3个参数的含义如下:

- lpProtocolInfo:是一个指向WSAPROTOCOL_INFO结构体的指针,用来指定新建套接字的特性。
- g:是预留字段,设为0即可。
- dwFlags:指定套接字属性的标识。在重叠I/O模型中,dwFlags参数需要被设置为WSA_FLAG_OVERLAPPED,这样就可以创建一个重叠套接字。例如:

```
SockSer=WSASocket(AF_INET, SOCK_STREAM, IPPROTO_IP, NULL, 0, WSA_FLAG_
OVERLAPPED);
```

重叠套接字可以使用WSASend()、WSASendTo()、WSARecv()、WSARecvFrom()和WSAIoctl()等函数执行重叠I/O操作,即同时初始化和处理多个操作。

2. 发送数据函数WSASend()

与send()函数相比,WSASend()函数在重叠套接字上发送数据时,一次可以发送多个缓冲区的内容。该函数的原型如下:

```
int WSASend(
    SOCKET s,
    LPWSABUF lpBuffers,
    DWORD dwBufferCount,
    LPDWORD lpNumberOfBytesSent,
    DWORD dwFlags,
    LPWSAOVERLAPPED lpOverlapped,
    LPWSAOVERLAPPED_COMPLETION_ROUTINE lpCompletionRoutine
);
```

该函数各个参数的含义如下：

- s：用于通信的套接字。
- lpBuffers：一个指向 WSABUF 结构体的指针。WSABUF 结构体中包含指向缓冲区的指针和缓冲区的长度，相当于 send()函数第 2、3 个参数的组合。
- dwBufferCount：lpBuffers 数组中 WSABUF 结构体的数量。
- lpNumberOfBytesSent：如果 I/O 操作立即完成，则该参数指定发送数据的字节数。
- dwFlags：标识位，通常为 0。
- lpOverlapped：指向 WSAOVERLAPPED 结构体的指针。该参数对于非重叠套接字无效。
- lpCompletionRoutine：指向完成例程。完成例程是在发送操作完成后调用的函数。该参数对于非重叠套接字无效。

WSABUF 结构体是在 WinSock2.h 中定义的专门用于 WSASend()和 WSARecv()函数的缓冲区，其定义如下：

```
typedef struct __WSABUF{
    u_long len;              //缓冲区长度,以字节为单位
    char FAR * buf;          //缓冲区地址
} WSABUF, * LPWSABUF;
```

3. 接收数据函数 WSARecv()

WSARecv()函数可以在已连接的套接字上接收数据。该函数的原型如下：

```
int WSARecv(
    SOCKET s,
    LPWSABUF lpBuffers,
    DWORD dwBufferCount,
    LPDWORD lpNumberOfBytesRecvd,
    LPDWORD lpFlags,
    LPWSAOVERLAPPED lpOverlapped,
    LPWSAOVERLAPPED_COMPLETION_ROUTINE lpCompletionRoutine
);
```

该函数各个参数的含义如下：

- s：用于通信的套接字。
- lpBuffers：指向 WSABUF 结构体的指针。
- dwBufferCount：lpBuffers 数组中 WSABUF 结构体的数量。
- lpNumberOfBytesRecvd：如果 I/O 操作立即完成，则该参数指定接收数据的字节数。
- dwFlags：标识位，通常为 0。
- lpOverlapped：指向 WSAOVERLAPPED 结构体的指针。该参数对于非重叠套

接字无效。

- lpCompletionRoutine：指向完成例程。完成例程是在接收操作完成后调用的函数。该参数对于非重叠套接字无效。

4. 获取重叠 I/O 操作结果函数 WSAGetOverlappedResult()

WSAGetOverlappedResult()函数可以获取指定套接字重叠操作的结果。该函数的原型如下：

```
BOOL WSAAPI WSAGetOverlappedResult(
    SOCKET s,
    LPWSAOVERLAPPED lpOverlapped,
    LPDWORD lpcbTransfer,
    BOOL fWait,
    LPDWORD lpdwFlags
);
```

该函数各个参数的含义如下：

- s：标识一个进行了重叠 I/O 操作的套接字。
- lpOverlapped：指向调用重叠操作时指定的 WSAOVERLAPPED 结构体。
- lpcbTransfer：指向一个 32 位变量，该变量用于存放一个发送或接收操作实际传送的字节数或 WSAIoctl()传送的字节数。
- fWait：指定该函数是否等待挂起的重叠操作结束。若为 TRUE，则该函数在操作完成后才返回；若为 FALSE 且函数挂起，则该函数返回 FALSE，WSAGetLastError()函数返回 WSA_IO_INCOMPLETE。
- lpdwFlags：指向一个 32 位变量，该变量存放完成状态的附加标志位。如果重叠操作为 WSARecv()或 WSA RecvFrom()，则该参数包含这两个接收数据函数的 lpFlags 参数所需的内容。

返回值：

如果该函数执行成功，则返回 TRUE。它意味着重叠操作已经完成，lpcbTransfer 所指向的变量值已经被更新。

如果该函数执行失败，则返回 FALSE。它意味着要么重叠操作未完成，要么由于一个或多个参数的错误导致无法确定完成状态。此时，lpcbTransfer 指向的值不会被更新，应用程序可用 WSAGetLastError()函数获取失败的原因。

12.1.3 重叠 I/O 模型的编程框架

重叠 I/O 模型的编程框架可分为两种，即事件通知方式和完成例程方式。这两种编程框架在程序代码上有明显的区别。

对于事件通知方式，需要使用 WSAOVERLAPPED 结构体中的 hEvent，使应用程序将一个事件对象句柄(通过 WSAEVENT 声明)同一个套接字关联起来。例如：

```
WSAOVERLAPPED AcceptOverlapped;
AcceptOverlapped.hEvent=EventArray[EventTotal];
```

这种方式使用 WSAWaitForMultipleEvents()函数等待事件发生，当 I/O 完成时，系统更改 WSAOVERLAPPED 结构体对应的事件对象为已授信状态。此时，WSAWaitForMultipleEvents()函数会返回这个重叠 I/O 完成的事件是在哪个套接字上发生的。

使用事件通知方式接收数据的流程如图 12-2 所示。主要步骤如下：

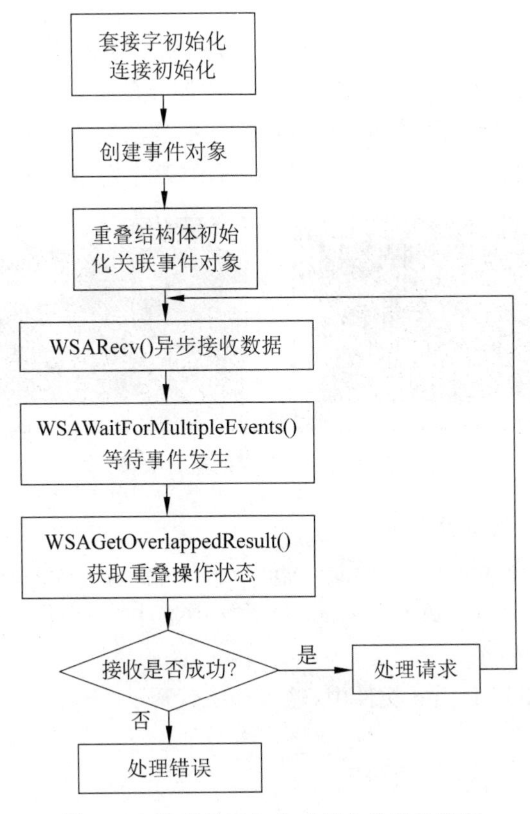

图 12-2　以事件通知方式接收数据的流程

(1) 在套接字初始化时，设置为重叠 I/O 模式。

(2) 创建套接字网络事件对应的用户事件对象。

(3) 初始化重叠结构体，为套接字关联事件对象。

(4) 异步接收数据，无论是否接收到数据，函数都会直接返回。

(5) 调用 WSAWaitForMultipleEvents()函数在所有事件对象上等待，只要有一个事件对象变为已授信状态，则该函数返回。

(6) 调用 WSAGetOverlappedResult()函数获取套接字上的重叠操作的状态，并保存到重叠结构体中。

(7) 根据重叠操作的状态进行处理。

(8) 重置已授信的事件对象、重叠结构体、标志位和缓冲区。

(9) 转到步骤(4)继续执行。

对于完成例程方式,需要指定 WSARecv()或 WSASend()函数的最后一个参数 lpCompletionRoutine 的值,该参数的值是一个指向完成例程的指针。若指定此参数,则 hEvent 将被忽略,上下文信息将传送给完成例程函数 CompletionROUTINE(),接着就可调用 WSAGetOverlappedResult()函数查询重叠 I/O 操作的结果。

12.1.4 基于重叠 I/O 模型的 TCP 通信程序

本节将制作一个回声程序。该程序分为服务器端和客户端,服务器端采用基于事件通知方式的重叠 I/O 模型,客户端采用 2.2.2 节中制作的普通 TCP 通信程序。该程序的功能是:当服务器端接收到客户端的消息后,将显示接收到的字节数,并将接收的消息原封不动地回传给客户端。其运行效果如图 12-3 所示,其中左图为服务器端,右图为客户端。

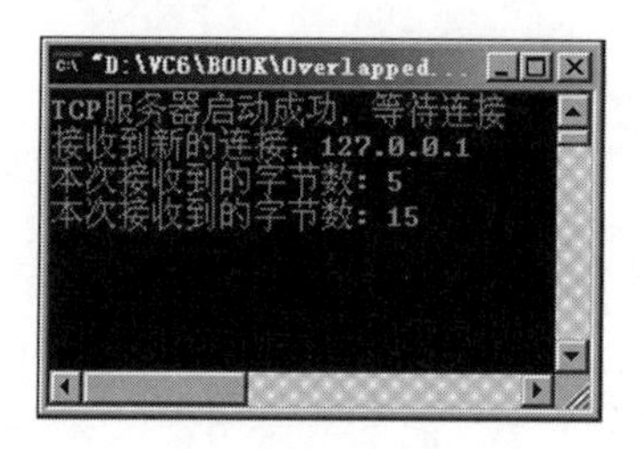

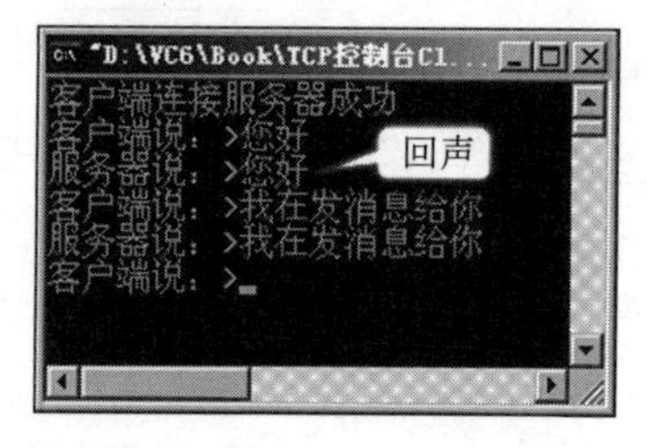

图 12-3 回声程序的运行效果

服务器端程序的编制步骤如下:

(1) 新建工程,选择 Win32 Console Application,输入工程名(如 OverlappedTCP),单击"下一步"按钮,在 Win32 Application 对话框中选中"一个简单的 Win32 程序"单选按钮。

(2) 在 OverlappedTCP.cpp 文件中,输入如下代码:

```
#include "stdafx.h"
#include <winsock2.h>
#include <iostream.h>
#pragma comment(lib,"ws2_32.lib")
#define DEFAULT_BUFLEN 256                      //默认缓冲区长度为 256B
#define DEFAULT_PORT 5566                       //默认服务器端口号为 5566
int main(){
    WSABUF DataBuf;                             //发送和接收数据的缓冲区结构体
    char buffer[DEFAULT_BUFLEN];                //缓冲区结构体 DataBuf 中
    DWORD EventTotal=0,                         //记录事件对象数组中的数据
        RecvBytes=0,                            //接收的字节数
        Flags=0,                                //标识位
        BytesTransferred=0;                     //在读写操作中实际传输的字节数
                                                //以上为存放事件对象的数组
    WSAEVENT EventArray[WSA_MAXIMUM_WAIT_EVENTS];
```

```
WSAOVERLAPPED AcceptOverlapped;              //重叠结构体
WSADATA wsaData;
WSAStartup(MAKEWORD(2,2), &wsaData);
SOCKET ServerSocket, AcceptSocket;           //创建两个套接字
ServerSocket=WSASocket(AF_INET,SOCK_STREAM, IPPROTO_IP,NULL, 0,WSA_FLAG_
OVERLAPPED);
if(ServerSocket==INVALID_SOCKET) {
    cout<<"WSASocket failed with error:"<<WSAGetLastError();
    WSACleanup();
    return 1;
}
SOCKADDR_IN addrServ, addrClient;            //为套接字绑定 IP 地址和端口号
addrServ.sin_family=AF_INET;
addrServ.sin_port=htons(DEFAULT_PORT);     //监听端口为 DEFAULT_PORT
addrServ.sin_addr.S_un.S_addr=htonl(INADDR_ANY);
int iResult=bind(ServerSocket,(const struct sockaddr *)&addrServ,sizeof
(SOCKADDR_IN));
iResult=listen(ServerSocket, SOMAXCONN); //监听
if(iResult==SOCKET_ERROR) {
    cout<<"listen failed !"<<endl;
    closesocket(ServerSocket);
    WSACleanup();
    return -1;
}
cout<<"TCP 服务器启动成功,等待连接"<<endl;
//创建事件对象,建立重叠结构体
EventArray[EventTotal]=WSACreateEvent();
ZeroMemory(buffer, DEFAULT_BUFLEN);          //缓冲区清零
ZeroMemory(&AcceptOverlapped, sizeof(WSAOVERLAPPED));   //初始化重叠结构体
//由于是事件通知方式,所以要设置重叠结构体中的 hEvent
AcceptOverlapped.hEvent=EventArray[EventTotal];
DataBuf.len=DEFAULT_BUFLEN;                  //设置缓冲区
DataBuf.buf=buffer;
EventTotal++;
int addrClientlen=sizeof(sockaddr_in);
while(TRUE){                                 //循环处理客户端的连接请求
      AcceptSocket = accept (ServerSocket, (sockaddr FAR * ) &addrClient,
      &addrClientlen);
    if(AcceptSocket==INVALID_SOCKET) {
        cout<<"accept failed !"<<endl;
        closesocket(ServerSocket);
        WSACleanup();
        return 1;
    }
```

```
            cout<<"接收到新的连接: "<<inet_ntoa(addrClient.sin_addr)<<endl;
            //处理在套接字上接收的数据
            while(TRUE){
                DWORD Index;        //保存处于已授信状态的事件对象句柄
                //调用 WSARecv()函数,在 ServerSocket 套接字上以重叠 I/O 方式接收数据
                //保存到 DataBuf 缓冲区中
                iResult=WSARecv(AcceptSocket, &DataBuf,1,&RecvBytes,&Flags,
                &AcceptOverlapped,NULL);
                //等待完成的重叠 I/O 调用
                Index=WSAWaitForMultipleEvents(EventTotal, EventArray, FALSE,
                WSA_INFINITE, FALSE);
                //决定重叠事件的状态
                WSAGetOverlappedResult(AcceptSocket, &AcceptOverlapped,
                &BytesTransferred, FALSE,&Flags);
                //如果连接已经关闭,则关闭 AcceptSocket 套接字
                if(BytesTransferred==0) {
                    cout<<"关闭套接字"<<AcceptSocket<<endl;
                    closesocket(AcceptSocket);
                    break;
                }
                //如果接收的数据不为 0,则表明成功接收了数据
                cout<<"本次接收到的字节数: "<<BytesTransferred<<endl;
                //回传信息
                WSASend(AcceptSocket, &DataBuf,1,&RecvBytes,Flags,
                &AcceptOverlapped,NULL);
                //重置已授信的事件对象
                WSAResetEvent(EventArray[Index-WSA_WAIT_EVENT_0]);
                //重置 Flags 变量和重叠结构体
                Flags=0;
                ZeroMemory(&AcceptOverlapped, sizeof(WSAOVERLAPPED));
                ZeroMemory(buffer, DEFAULT_BUFLEN);
                AcceptOverlapped.hEvent=EventArray[Index-WSA_WAIT_EVENT_0];
                //重置缓冲区
                DataBuf.len=DEFAULT_BUFLEN;
                DataBuf.buf=buffer;
            }
        }
        return 0;
}
```

最后,编译并运行以上代码。

12.2 I/O 完成端口模型

I/O 完成端口(I/O Completion Port,IOCP)是 Windows 系统的一种内核对象,利用 I/O 完成端口,WinSock 应用程序可以管理成百上千个套接字。这是因为,I/O 完成端口

内部提供了对线程池的管理，可以避免反复创建线程的开销，同时可以根据 CPU 的个数灵活地决定线程个数，减少线程调度的次数，从而提高了程序对套接字的并行处理能力。

由于 I/O 完成端口具备稳定、高效的并发通信能力，使得该模型在实际中应用很广泛，例如大型在线游戏系统、大型即时通信系统等具有大量并发用户请求的场合。

I/O 完成端口模型的基本思想是：事先就创建几个线程，一般是按照 CPU 的核心数(或线程数)创建相应数量的线程，然后让这几个线程等着，在有客户端请求到来时，就把这些客户端请求都加入一个公共消息队列，接着这几个线程依次从消息队列中取出客户端请求并进行处理，这样就避免了必须在请求到来时再创建线程引起的线程切换，每个线程都能公平地处理来自多个客户端的输入和输出。

I/O 完成端口使用线程池对线程进行管理，通过事先创建多个线程，在处理多个异步并发 I/O 请求时避免了频繁地创建线程和注销，在没有 I/O 请求或 I/O 请求较少时，不使用的线程将挂起，也不会占用 CPU 时间。之所以叫完成端口，是因为系统会在网络 I/O操作完成之后才会通知。由于这种模型需要一个公共消息队列来管理 I/O 请求，因此有人认为“I/O 完成端口”应该叫“I/O 完成队列”更为合适。

12.2.1 使用 I/O 完成端口的编程流程

使用 I/O 完成端口模型编程的基本步骤如下：

(1) 创建一个 I/O 完成端口对象，使用该对象，就可以面向任意数量的套接字句柄，管理很多个套接字 I/O 请求。

(2) 指定一定数量的工作线程，为已经完成的重叠 I/O 操作提供服务。

应用程序使用 I/O 完成端口模型的流程如下：

(1) 创建 I/O 完成端口对象。

创建 I/O 完成端口对象所需用的函数为 CreateIoCompletionPort()。该函数的原型如下：

```
HANDLE CreateIoCompletionPort(
        HANDLEhFile,                        //设备句柄,这里就是套接字
        HANDLE ExistingCompletionPort,      //与设备关联的 I/O 完成端口句柄
        DWORD CompletionKey,                //一个用来区分各个设备(套接字)的值
        DWORD NumOfConcurrentThreads        /* 用来通知 I/O 完成端口在同一时间内最多
                                             能有多少线程处于可运行状态,即并发线程
                                             的数量,如果为 0,则使用默认值(一般等于
                                             CPU 的核心数量) */
);
```

(2) 创建工作线程。

工作线程主要是用来处理网络请求以及与客户端通信的线程。多个工作线程可以并行地在多个套接字上进行数据处理。创建的工作线程数量一般等于系统中 CPU 的核心数或线程数。

(3) 创建一个用于监听的套接字，并绑定到 I/O 完成端口上，然后绑定地址并开始监听连接请求的到达。

(4) 调用 accept()或 WSAAccept()函数接受连接请求。

(5) 调用 CreateIoCompletionPort()函数的 hFile 参数将上一步返回的已连接套接字与 I/O 完成端口对象关联。此时，hFile 参数必须是已连接套接字的描述符；参数 ExistingCompletionPort 指定与套接字关联的 I/O 完成端口对象；参数 CompletionKey 则通常设定为一个指向结构体变量的指针，该结构体变量可存储任意信息，主要用于区分不同套接字。

12.2.2 在线考试系统的设计

本节将采用 I/O 完成端口模型设计一个在线考试系统。该系统分为服务器端和客户端。服务器端具有验证学号、发送试卷、计时和评分等功能，其界面如图 12-4 所示。客户端具有显示试题、发送心跳包、交卷等功能。

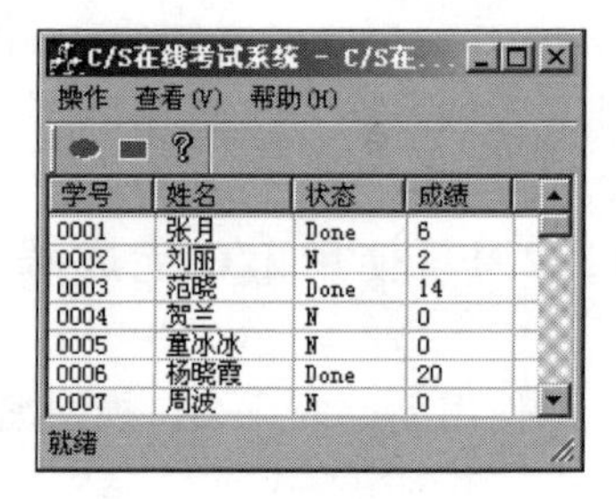

图 12-4　在线考试系统服务器端界面

由于该考试系统涉及的功能和代码比较多，本节仅介绍该系统服务器端采用 I/O 完成端口模型接受客户端请求和管理客户端连接的功能。该系统的其他代码可参看源程序中的 ServerView.cpp 文件。

在线考试系统服务器端设计了两个线程：主线程用于接受客户端连接请求，并初始化重叠 I/O 操作；服务线程为客户端提供服务。

在主线程中，首先调用 CreateIoCompletionPort()函数创建 I/O 完成端口；然后创建服务线程，完成套接字的初始化、绑定、监听；最后在一个 while 循环体中接受客户端连接请求，将套接字与 I/O 完成端口关联起来，并发起 I/O 操作。

服务器端程序的实现步骤如下。

1) 声明单 I/O 操作结构体

单 I/O 操作结构体就是扩展重叠结构体。在该结构体中包含 OVERLAPPED 等有关 I/O 操作的信息。单 I/O 操作结构体如下：

```
typedef    struct _io_operation_data {
    OVERLAPPED overlapped;            //重叠结构体
    char recvBuf[BUFFER_SIZE];        //接收数据缓冲区
    HDR hdr;                          //包头
    byte type;                        //操作类型
}IO_OPERATION_DATA, * PIO_OPERATION_DATA;
```

该结构体中的 type 字段指明发起 I/O 操作的类型。在服务线程中，根据 GetQueuedCompletionStatus()函数返回的重叠结构体指针，获取当前完成的 I/O 操作类型，从而获知是接收数据还是发送数据。

2）声明 CClientContext 类

在 ClientContext.h 文件中声明 CClientContext 类，用来管理服务器端发送试卷、发送学号以及接收信息等各项操作，并保存学号、学生状态、成绩、心跳包和心跳时间等各种属性。代码如下：

```
class CClientContext :public CObject{
public:
    CClientContext(SOCKET s, CServerView* pServView);
    virtual ~CClientContext();
    enum state{
        LOGIN,                                          //登录状态
        DOING,                                          //答卷状态
        DONE,                                           //交卷
        DISCON,                                         //掉线状态
        UNKNOWN;                                        //未知状态
    }
public:
    BOOLAsyncSendPaper(void);                           //发送试卷
    BOOLAsyncSendStudentName(void);                     //发送学生姓名
    BOOLAsyncSendFailLoginMsg(void);                    //学生验证失败
    VoidOnSendCompleted(DWORD dwIOSize);                //发送数据完毕
    BOOL AsyncRecvHead(void);                           //接收包头
    BOOLAsyncRecvBody(int nLen);                        //接收包体
    void OnRecvHeadCompleted(DWORD dwIOSize);           //接收包头完毕
    void OnRecvBodyCompleted(DWORD dwIOSize);           //接收包体完毕
    BOOLAsyncRecvIOOK(void);                            //客户端退出
    void SaveDisConnectState(void);                     //保存断开状态
public:
    IO_OPERATION_DATAm_iIO;                             //读扩展重叠结构体的数据结构
    IO_OPERATION_DATAm_oIO;                             //写扩展重叠结构体的数据结构
    state m_eState;                                     //学生状态
    CTime m_time;                                       //心跳时间
    BOOL m_bPulse;                                      //心跳包
    UINT m_nStdSN;                                      //学号
protected:
    SOCKETm_s;                                          //套接字
    CServerView *m_pServerView;                         //主窗口指针
    CStringm_strName;                                   //学生姓名
    int m_nGrade;                                       //成绩
};
```

3）管理客户端的链表

在程序中声明 CClientManager 类，用来对已连接的客户端进行管理。本系统采用链

表结构管理客户端，并设计了增加客户端、删除客户端和删除所有客户端的方法。代码如下：

```
class CClientManager : public CObject{
public:
    virtual ~CClientManager();
public:
    static CClientManager * GetClientManager(void);   //得到管理客户端对象指针
    static void ReleaseManager(void);               //释放管理客户端对象占用户资源
    void ProcessIO(CClientContext* pClient,          //I/O 处理
    LPOVERLAPPED pOverlapped, DWORD dwIOSize);
    void AddClient(CClientContext * pClient);        //增加客户端
    void DeleteClient(CClientContext * pClient);     //删除客户端
    void DeleteAllClient(void);                      //删除所有客户端
public:
    CObList m_clientList;                            //管理客户端链表
private:
    CClientManager();
    CClientManager(const CClientManager& other);
    CClientManager& operator=(CClientManager &other);
    static CClientManager * m_pClientMgr;
    CCriticalSection m_cs;                           //保护客户端链表对象
};
```

4）创建 I/O 完成端口和服务线程

首先创建 I/O 完成端口，然后调用 CreateThread()函数创建用于接受客户端请求的主线程，接着调用 GetSystemInfo()函数获取服务器 CPU 核心数，最后调用 CreateThread()函数创建 CPU 核心数 2 倍的服务线程。

另外，服务器还设置定时器对客户端发送的心跳包进行检查。本程序设置定时器发送的 WM_TIMER 消息的时间间隔为 1min。如果服务器超过 1min 没有收到某个客户端的心跳包，则服务器端断定该客户端掉线。

代码如下：

```
if((m_hCompPort=CreateIoCompletionPort(INVALID_HANDLE_VALUE, NULL, 0, 0))==
NULL){
        AfxMessageBox(_T("创建 I/O 完成端口失败!"));
        WSACloseEvent(m_hEvent);
        closesocket(m_sListen);
        WSACleanup();
        return;
    }
    //创建接受客户端请求的主线程
    DWORD dwThreadID;
    m_hThread[0]=CreateThread(NULL, 0,AcceptThread,this, 0, &dwThreadID);
```

```
    if(NULL==m_hThread[0]) {
        AfxMessageBox(_T("创建接受客户端请求的主线程失败!"));
        WSACloseEvent(m_hEvent);
        closesocket(m_sListen);
        WSACleanup();
        return;
    }
    m_nThreadNum=1;
    //获取 CPU 核心数量
    SYSTEM_INFO SystemInfo;
    GetSystemInfo(&SystemInfo);
    //创建服务线程
    for(int i=0; i<SystemInfo.dwNumberOfProcessors * 2; i++) {
        if((m_hThread[m_nThreadNum++]=CreateThread(NULL, 0,ServiceThread,
        this,0,&dwThreadID))==NULL) {
            AfxMessageBox(_T("创建服务线程失败!"));
            WSACloseEvent(m_hEvent);
            closesocket(m_sListen);
            WSACleanup();
            return;
        }
    }
    //设置定时器,每 1min 发送一次 WM_TIMER 消息
    SetTimer(1, 1000 * 60 * 1,NULL);
}
```

习题

1. 在大型网络应用程序中,服务器需要同时为上千个客户端提供服务。从性能上考虑,此类应用应优先考虑(　　)模型。

A. WSAAsyncSelect 模型　　B. I/O 复用模型

C. 重叠 I/O 模型　　D. IOCP

2. 要获取计算机的 CPU 核心数量,可以使用________函数。

3. 重叠 I/O 模型有两种编程框架,分别是________和________。其中________需要设置 WSAOVERLAPPED 结构体中的 hEvent 字段。

4. 在重叠 I/O 模型中,发送和接收数据一般要使用________和________函数。

5. 简述 I/O 完成端口模型的编程步骤。

6. 将 9.3.1 节的网络版用户登录程序服务器端用 I/O 完成端口模型来实现,使其能同时接受多个客户端的连接请求。

第 13 章　网络嗅探软件

大多数网络应用程序都是基于 TCP 或 UDP 的，使用的是流式套接字或数据报套接字，但是有些应用程序需要直接对 IP 数据包进行控制。例如，黑客软件、网络嗅探软件都需要直接分析原始的 IP 数据包，如读取 IP 数据包头部的某些字段信息等。

这种情况下就需要使用原始套接字编程。原始套接字是在网络层使用的套接字，可以帮助应用程序对 IP、ICMP 等网络层协议的数据包进行一定程度的直接控制和操作。本节介绍原始套接字编程并制作了一个网络嗅探软件。

13.1　原始套接字概述

原始套接字主要提供了以下特殊功能：

(1) 能够接收一些 TCP/IP 协议簇不能处理的特殊的 IP 分组。

(2) 可对 ICMP、IGMP 等网络层协议直接访问，直接发送或接收 ICMP、IGMP 等协议的数据包。

(3) 可以通过原始套接字将网卡设置为混杂模式，从而能够接收所有流经本地网卡接口的 IP 分组，实现网络监听的目的。

(4) 通过设置原始套接字的 IP_HDRINCL 选项，可以发送用户自定义数据包头部的 IP 分组，因此可用来编写基于 IP 的高层网络协议的程序。

由于具有上述特殊功能，原始套接字被广泛应用于高级网络编程。例如，网络嗅探、拒绝服务攻击(DoS)、IP 欺骗等都是使用原始套接字编程实现的。

但是，出于网络安全方面的考虑，从 Windows XP SP2 开始，原始套接字的使用受到了诸多限制。这些限制主要有两个方面：一是用户必须具备管理员权限，才能运行使用了原始套接字的程序；二是不允许使用原始套接字发送自己定制的 TCP 数据包，也不允许通过原始套接字发送伪造源 IP 地址的 UDP 数据包。

随着 Windows 版本的提高，对原始套接字的限制更加严格。因此，如果原始套接字无法满足需求，程序员需要将网络编程的层次再下降一层，例如使用 WinPcap 编程直接操控数据帧来达到更加灵活的数据构造和捕获效果。

13.1.1　创建原始套接字

创建原始套接字使用的函数仍然是 socket()，但它的第 2 个参数应设置为 SOCK_RAW。由于原始套接字能够操控的协议类型很多，因此第 3 个参数 protocol 的可取值通常是以下任意一种宏定义：

- IPPROTO_IP：值为 0，原始 IP，该类原始套接字可接收任何类型的 IP 数据包。

- IPPROTO_ICMP：值为1，表示ICMP。
- IPPROTO_IGMP：值为2，表示IGMP。
- BTHPROTO_RFCOMM：值为3，表示蓝牙通信协议。
- IPPROTO_TCP：值为6，表示TCP。
- IPPROTO_UDP：值为17，表示UDP。
- IPPROTO_RAW：值为255，原始IP，该类原始套接字只能用来发送IP包，而不能接收任何数据。发送的数据需要由程序填充IP包头，并且由程序计算校验和。

如果将参数protocol指定为IPPROTO_IP，则创建的原始套接字可用于接收任何IP分组，但IP分组的校验、验证和协议分析等需要由程序完成。

如果参数protocol指定为除了IPPROTO_IP和IPPROTO_RAW以外的其他值，发送数据时，系统将会按照该参数指定的协议类型自动构造IP分组首部，而不用由程序来填充。

接收数据时，系统只会将首部协议字段值和protocol参数值相同的IP分组交给该原始套接字。因此，一般来说，要想接收或发送哪个协议的数据包，就应该在创建套接字时将参数protocol指定为哪个协议，而不能笼统地指定为IPPROTO_IP。

例如，使用如下代码创建的原始套接字sockRaw只能发送或接收ICMP数据包：

```
sockRaw=socket(AF_INET, SOCK_RAW, IPPROTO_ICMP);
```

13.1.2 使用原始套接字收发数据

与数据报套接字相似，使用原始套接字发送或接收数据一般也使用sendto()函数和recvfrom()函数，但如果事先调用connect()函数绑定了通信对方的IP地址，也可以使用send()函数和recv()函数来收发数据。

发送数据时，如果没有设置原始套接字的IP_HDRINCL选项，并且创建套接字时指定的协议类型不是IPPROTO_RAW，系统将根据创建套接字时protocol参数指定的协议类型来自动构造IP分组的首部，程序可填写的部分只是IP分组的数据部分。

如果已经设置了原始套接字的IP_HDRINCL选项，则程序需要自己构造IP分组的首部，程序需要填写的内容为包括IP首部在内的整个IP分组。

在使用原始套接字接收数据时，无论是否设置IP_HDRINCL选项，原始套接字收到的数据都是包括IP首部在内的完整的IP分组，并且首部所有数值字段均为网络字节顺序。

13.2 编制网络嗅探软件

网络嗅探软件在网络安全的攻防方面均有大量的应用。通过使用网络嗅探软件，可以对网络上传输的数据包进行捕获和分析，以供协议分析和网络攻击或防御之用。

13.2.1 网络嗅探软件的原理

网络嗅探软件能够接收所有发给网卡的数据，甚至接收所有流经网卡但并非发送给本机的数据，这种情况下，通过设置套接字控制命令 SIO_RCVALL 就能达到目的。

WinSock 2 支持 SIO_RCVALL，该命令允许指定的套接字接收所有经过本机的 IP 分组，为捕获网络底层数据包提供了一种有效的方法。设置该套接字控制命令是通过函数 WSAIoctl()实现的，WSAIoctl()是一个 WinSock 2 函数，提供了对套接字的控制能力。

系统核心在对收到的每一个能够传递给原始套接字的 IP 分组完成必要的处理之后，将会对所有进程的原始套接字进行检查，每一个匹配的套接字都会收到该 IP 分组的一个副本。系统核心选择匹配套接字的规则如下：

(1) 创建原始套接字时，为原始套接字指定的协议类型必须与 IP 分组的协议字段值匹配，如果原始套接字的协议类型值为 0，则与所有协议类型的 IP 分组相匹配。

(2) 如果原始套接字已通过调用 connect()函数绑定了通信对端的 IP 地址，则该原始套接字只能接收源地址为该绑定地址的 IP 分组。

(3) 如果原始套接字已通过调用 bind()函数绑定了本机 IP 地址，则该原始套接字只能接收目的地址为该绑定地址的 IP 分组。

网络嗅探软件的具体编程步骤如下：

(1) 创建原始套接字。套接字的地址家族是 AF_INET，协议类型必须是 IPPROTO_IP，这样才能接收所有网络层协议的数据包。

(2) 将套接字绑定到指定的本地端口上。

(3) 调用 WSAIoctl()函数为套接字设置 SIO_RCVALL 命令。

(4) 调用接收函数，捕获任意的 IP 分组。

13.2.2 网络嗅探软件的编制

本节将编制一个控制台版本的网络嗅探软件。该软件的主要功能是接收网络上传输的各种数据包。其运行结果如图 13-1 所示。

图 13-1 网络嗅探软件的运行结果

代码如下：

```
#include "stdafx.h"
#include "stdio.h"
#include "winsock2.h"
#pragma comment(lib,"ws2_32.lib")
#define SIO_RCVALL _WSAIOW(IOC_VENDOR,1)
int main(){
    WSADATA wsaData;
    SOCKET SnifferSocket;
    struct sockaddr_in LocalAddr, RemoteAddr;
    struct in_addr addr;
    int addrlen=sizeof(struct sockaddr_in);
    char recvbuf[65535];                        //接收数据缓冲区
    int recvbuflen=65535, iResult;
    struct hostent * local;
    char HostName[512];                         //保存主机名称
    int in=0,i=0;
    DWORD dwBufferLen[10];
    DWORD Optval=1;
    DWORD dwBytesReturned=0;
    WSAStartup(MAKEWORD(2,2), &wsaData);        //初始化套接字
    printf("\n 创建原始套接字...");
    SnifferSocket=socket(AF_INET, SOCK_RAW, IPPROTO_IP);        //创建原始套接字
    memset(HostName, 0, 512);                   //将 HostName 变量清零
    //获取本机名称,因为要通过本机名称获得本机 IP 地址
    gethostname(HostName, sizeof(HostName));
    local=gethostbyname(HostName);              //获取本机可用的 IP 地址
    printf("\n 本机可用的 IP 地址为: \n");
    while(local->h_addr_list[i] !=0) {          //列出本机所有可用的 IP 地址
        addr.s_addr= * (u_long * ) local->h_addr_list[i++];
        printf("\tIP Address #%d: %s\n", i, inet_ntoa(addr));
    }
    printf("\n 请选择捕获数据待使用的接口号: ");
    scanf("%d", &in);
    memset(&LocalAddr, 0, sizeof(LocalAddr));
    memcpy(&LocalAddr.sin_addr.S_un.S_addr, local->h_addr_list[in-1], sizeof
    (LocalAddr.sin_addr.S_un.S_addr));
    LocalAddr.sin_family=AF_INET;
    LocalAddr.sin_port=0;
    bind(SnifferSocket, (struct sockaddr * ) &LocalAddr, sizeof(LocalAddr));
                                                //绑定本机地址
    printf(" \n 成功绑定套接字和#%d 号接口地址", in);
                                                //设置套接字接收命令
```

```
    iResult=WSAIoctl(SnifferSocket, SIO_RCVALL, &Optval, sizeof(Optval),
    &dwBufferLen, sizeof(dwBufferLen), &dwBytesReturned, NULL, NULL);
    if(iResult==SOCKET_ERROR){
        printf("WSAIoctl设置失败,错误号: %ld\n", WSAGetLastError());
        closesocket(SnifferSocket);
        WSACleanup();
    }
    printf(" \n开始接收数据");
    do{                                        //接收数据
        iResult=recvfrom(SnifferSocket, recvbuf, 65535, 0,(struct sockaddr *)
        &RemoteAddr,&addrlen);
        if(iResult >0)
            printf("\n接收到来自%s的数据包,长度为%d.",
                inet_ntoa(RemoteAddr.sin_addr),iResult);
        else printf("recvfrom failed with error: %ld\n", WSAGetLastError());
    } while(iResult >0);
    return 0;
}
```

习题

1. 原始套接字编程是在(　　)进行的。

   A. 网络层　　B. 传输层　　C. 应用层　　D. 数据链路层

2. 如果要接收网络上所有类型的数据包,应将socket()函数的第3个参数设为(　　)。

   A. IPPROTO_IGMP　　B. IPPROTO_IP

   C. IPPROTO_RAW　　D. IPPROTO_ICMP

3. 在网络嗅探软件中,为了捕获流经网卡的所有数据包,需要使用________函数设置SIO_RCVALL命令。

4. “原始套接字不存在端口号的概念”是________的。(填“对”或“错”)

5. 举例说明在哪些应用中需要使用原始套接字编程。

6. 将13.2.2节的程序改写为MFC版本的Windows对话框界面程序。

附录 A　Python 版的 TCP 通信程序

Python 也提供了 TCP/IP 网络编程功能，相对于 C++ 来说，Python 的代码非常简洁，初学者阅读 Python 版的 TCP 通信程序，能更快速地理解 TCP/IP 网络编程的步骤。

本附录介绍一个 Python 2.7 版的 TCP 通信程序，分为服务器端和客户端，运行效果如图 A-1 所示，其中，左图为服务器端，右图为客户端。

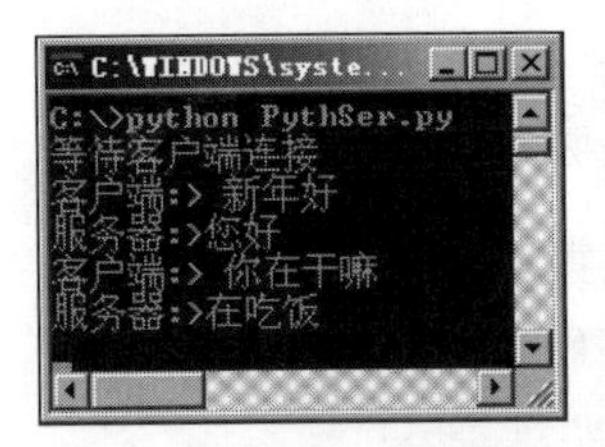

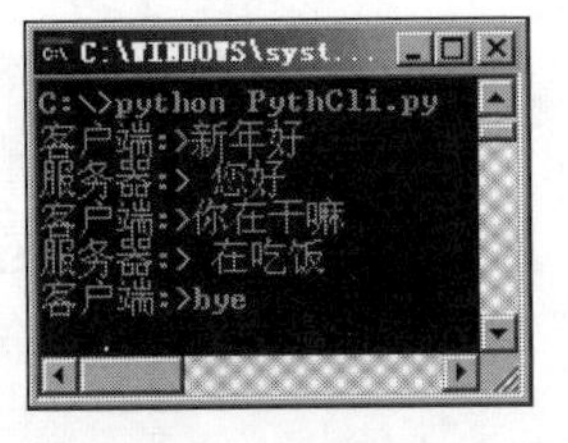

图 A-1　Python 版 TCP 通信程序

可以在 Python 自带的 IDLE 中新建两个文件，作为服务器端和客户端程序。

以下为服务器端程序 PythSer.py：

```
#coding=gbk
import socket                                 #导入支持文件
sk=socket.socket();                           #创建套接字实例
ip_port=("127.0.0.1", 5568)                   #设置 IP 地址和端口
sk.bind(ip_port)                              #绑定地址
sk.listen(5)                                  #监听
while True:
  print("等待客户端连接")
  conn,address=sk.accept()                    #接受连接请求,返回套接字 conn
  while True:
    data=conn.recv(1024)                      #接收信息
    print("客户端:>%s" %data)                 #显示接收的信息
    if data=='bye':
      break
    msg_input=raw_input("服务器:>")           #让用户输入信息
    conn.send(msg_input)                      #发送信息
  conn.close()   #主动关闭连接
sk.close()
```

以下为客户端程序 PythCli.py：

```
#coding=gbk
import socket
```

```
skCli=socket.socket();                        #创建套接字实例
ip_port=("127.0.0.1", 5568)
skCli.connect(ip_port)                        #连接服务器
while True:
    msg_input=raw_input("客户端:>")           #获取用户输入的信息
    skCli.send(msg_input)                     #发送消息
    if msg_input=="bye":
        break                                 #退出循环
    data=skCli.recv(1024)                     #接收消息
    print("服务器:>%s" %str(data))
skCli.close()
```

说明：本实例是采用 Python 2.7 编写的。如果要在 Python 3.x 编译器上运行，需要做如下修改：

(1) 把 raw_input()函数换成 input()函数。

(2) 用 send()函数发送数据前必须先编码，例如：

```
conn.send(msg.encode());
```

(3) 用 print()函数输出接收的信息前必须先解码，例如：

```
print(data.decode());
```

(4) 程序第一行声明字符编码的语句＃coding＝gbk 可以去掉。

附录B　Java版的TCP通信程序

为了支持TCP/IP面向连接的网络程序的开发，java.net包提供了ServerSocket类与Socket类，这两个类均直接继承自Java的Object根类。其中，ServerSocket类用来创建监听套接字，只可用于服务端程序，它有一个accept()方法专门用来监听客户端的连接请求，并返回一个与客户端进行通信的Socket对象；Socket类则用来创建通信套接字，它是服务器端程序和客户端程序都要用到的类，该类专门用来处理连接双方的数据通信。一个套接字由一个IP地址和一个端口号唯一确定。

下面将编写一个控制台版本的TCP通信程序，分为服务器端和客户端。

服务器端程序的编写步骤如下：

(1) 调用ServerSocket(int port)创建一个服务器端套接字，并绑定到指定端口。

(2) 调用ServerSocket类的accept()方法，如果客户端请求连接，则接受连接请求，返回通信套接字。

(3) 调用Socket类的getOutputStream()和getInputStream()方法获取输出流和输入流，开始网络数据的发送和接收。

(4) 调用Socket类的close()方法关闭通信套接字。

客户端程序的编写步骤如下：

(1) 调用socket()函数创建一个流套接字，并连接到服务器端。

(2) 调用Socket类的getOutputStream()和getInputStream()方法获取输出流和输入流，开始网络数据的发送和接收。

(3) 关闭通信套接字。

服务器端程序Server.java的代码如下：

```
import java.net.*;
import java.io.*;
public class Server {
public static final int port=5566;
public static void main(String args[]) {
    String str;                                        //存放接收到的字符串
    try {
        ServerSocket server=new ServerSocket(port);    //创建监听套接字
        Socket socket=server.accept();                 //等待客户机连接请求
        System.out.println("socket: "+socket);
        //连接建立，通过套接字获取连接上的输入流
        BufferedReader in=new BufferedReader(new InputStreamReader
        (socket.getInputStream()));
        //连接建立，通过套接字获取连接上的输出流
```

```
            PrintStream out=new PrintStream(socket.getOutputStream());
            //创建标准输入流,从键盘接收数据
              BufferedReader userin = new BufferedReader (new InputStreamReader
              (System.in));
            while(TRUE) {
                System.out.println("等待客户端的消息...");
                str=in.readLine();                              //读取客户端发送的数据
                System.out.println("客户端:>"+str);
                if(str.equals("bye"))
                    break;
                System.out.print("服务器端:>");
                str=userin.readLine();                          //从键盘接收数据
                out.println(str);                               //发送数据给客户端
                if(str.equals("bye"))
                    break;
            }
            out.close();
            in.close();
            socket.close();
            server.close();
            } catch(Exception e) {
                System.out.println("异常:"+e);
            }
        }
}
```

客户端程序 Client.java 的代码如下：

```
import java.net.*;
import java.io.*;
public class Client {
public static void main(String[] args) {
    String str;
    try {
        InetAddress addr=InetAddress.getByName("127.0.0.1");
        Socket socket=new Socket(addr, 8000);              //发出连接请求
        System.out.println("socket="+socket);
        //连接建立,通过套接字获取连接上的输入流
        BufferedReader in=new BufferedReader(new
        InputStreamReader(socket.getInputStream()));
        //连接建立,通过套接字获取连接上的输出流
        PrintStream out=new PrintStream(socket.getOutputStream());
        //创建标准输入流,从键盘接收数据
        BufferedReader userin=new BufferedReader(new
        InputStreamReader(System.in));
```

```
        while(TRUE) {
            System.out.print("客户端:>");
            str=userin.readLine();                          //从标准输入中读取一行
            out.println(str);                               //发送给服务器
            if(str.equals("bye"))
                break;
            System.out.println("等待服务器端消息...");
            str=in.readLine();                              //读取服务器端发送的数据
            System.out.println("服务器端:>"+str);
            if(str.equals("bye"))
                break;
        }
        out.close();
        in.close();
        socket.close();
        } catch(Exception e) {
            System.out.println("异常:"+e);
        }
    }
}
```

从以上程序可见，ServerSocket对象创建之后，会自动进行监听，而Socket类的对象创建之后，会自动进行连接，因此在Java Socket编程中，没有bind()、listen()、connect()等方法。

Java.net软件包中的DatagramSocket类和DatagramPacket类为实现UDP通信提供了支持。DatagramSocket类用于在程序中间建立传送数据报的通信连接，DatagramPacket类则用于表示一个数据报。

参考文献

[1] 杨传栋,张焕远.Windows 网络编程基础教程[M].北京：清华大学出版社,2015.

[2] 刘琰,王清贤.Windows 网络编程[M].北京：机械工业出版社,2013.

[3] 任泰明.TCP/IP 网络编程[M].北京：人民邮电出版社,2009.

[4] 梁伟.Visual C++ 网络编程经典案例详解[M].北京：清华大学出版社,2010.

[5] Quinn B,Shute D. Windows Sockets 网络编程[M].徐磊,译.北京：机械工业出版社,2012.

[6] 朱桂英,张元亮.Visual C++ 网络编程开发与实战[M].北京：清华大学出版社,2012.

[7] 孙海民.精通 Windows Sockets 网络开发——基于 Visual C++ 实现[M].北京：人民邮电出版社,2008.

图书资源支持

感谢您一直以来对清华版图书的支持和爱护。为了配合本书的使用，本书提供配套的资源，有需求的读者请扫描下方的“书圈”微信公众号二维码，在图书专区下载，也可以拨打电话或发送电子邮件咨询。

如果您在使用本书的过程中遇到了什么问题，或者有相关图书出版计划，也请您发邮件告诉我们，以便我们更好地为您服务。

我们的联系方式：

地　　址：北京市海淀区双清路学研大厦 A 座 701

邮　　编：100084

电　　话：010-83470236　010-83470237

资源下载：http://www.tup.com.cn

客服邮箱：tupjsj@vip.163.com

QQ：2301891038（请写明您的单位和姓名）

资源下载、样书申请

书圈

扫一扫，获取最新目录

课 程 直 播

用微信扫一扫右边的二维码，即可关注清华大学出版社公众号“书圈”。